IFRS

Prof. Dr. Jörg Wöltje

5. Auflage

Haufe.

Inhalt

Vorwort

Alle kapitalmarktorientierten Unternehmen der Europäischen Union sind verpflichtet, ihren Konzernabschluss nach den International Financial Reporting Standards (IFRS) zu erstellen. Für Kapitalgesellschaften und sonstige Rechtsformen besteht ein Wahlrecht zur Offenlegung ihres Einzel- oder Konzernabschlusses nach IFRS. Mit dem Bilanzrechtsmodernisierungsgesetz (BilMoG) wurde das Bilanzrecht des neuen HGB umfassend reformiert.

Seit dem 1. Januar 2010 sind teilweise einschneidende Änderungen bei der Bilanzierung, Bewertung und Konsolidierung in Kraft getreten. Internationale Bilanzierungspraktiken wurden teilweise im neuen HGB integriert. In diesem TaschenGuide sind beim Vergleich zwischen IFRS und HGB die Änderungen des neuen HGB berücksichtigt. Somit haben Sie die Chance, sich neben den IFRS auch gleichzeitig mit dem neuen HGB (BilMoG) vertraut zu machen.

Der TaschenGuide soll Ihnen helfen, sich schnell in das Thema IFRS einzuarbeiten. Kompakt und leicht verständlich veranschaulicht Ihnen der vorliegende TaschenGuide durch zahlreiche praktische Beispiele und Übersichten, was Sie über die IFRS wissen sollten. Ich wünsche Ihnen viel Erfolg und freue mich über Ihr Feedback. Gerne können Sie mir schreiben an: joerg.woeltje@t-online.de.

Malsch, im August 2010 *Jörg Wöltje*

Die Grundzüge der IFRS

Die „International Financial Reporting Standards" sind für alle kapitalmarktorientierten Unternehmen Pflicht. Doch auch bei nicht kapitalmarktorientierten Unternehmen finden sie immer häufiger Anwendung.

In diesem Kapitel erfahren Sie,

- was die „International Financial Reporting Standards" sind und welche Vorteile sie bieten (S. 6/7),
- wie ihre Grundprinzipien lauten (S. 8/10),
- worin die Hauptunterschiede zur Rechnungslegung nach HGB bestehen (S. 16)
- wie eine IFRS-Bilanz aufgebaut ist (S. 20) und
- was die Besonderheiten der Gesamtergebnisrechnung sind (S. 21).

Was sind die IFRS?

Die IFRS (International Financial Reporting Standards) sind internationale kapitalmarktorientierte Rechnungslegungsregeln. Sie bilden den Kernbereich des vom International Accounting Standards Board (IASB) entwickelten Regelwerks. Mit der ständigen Weiterentwicklung der IAS/IFRS verwirklichte das IASB seine zentralen Ziele: die Rechnungslegung international zu harmonisieren und Rechnungslegungsgrundsätze zu entwickeln, welche die Bereitstellung entscheidungsrelevanter Informationen für den Investor erlauben. Die IFRS umfassen als Oberbegriff die

- International Financial Reporting Standards (IFRS),
- International Accounting Standards (IAS),
- Interpretationen des International Financial Reporting Interpretations Committee (IFRIC) und
- Interpretationen des Standards Interpretations Committee (SIC).

Bisher wurden 41 IAS, von denen noch 28 gültig sind, und 9 IFRS verabschiedet. Die einzelnen Standards regulieren Einzelfragen der Rechnungslegung. Sie können sowohl branchenorientiert (z. B. IAS 41: Landwirtschaft), als auch problemorientiert sein (z. B. IAS 2: Vorräte/inventories oder IAS 38: Immaterielle Vermögenswerte/intangible assets). Im Rahmen des Endorsement-Prozesses werden die verabschiedeten IAS/IFRS nach dem Komitologieverfahren, durch Rechtsakt auf EU-Ebene legitimiert. Diese Übernahme in europäisches Recht bewirkt, dass die Standards unmittelbares geltendes Recht werden.

Wer hat die IFRS ins Leben gerufen?

Die IFRS werden von einem in London ansässigen Gremium, dem „International Accounting Standard Board (IASB)", dem 14 Mitglieder angehören, entwickelt. Das IASB ist ein internationaler privatrechtlicher Standardsetter, der die Regeln für die Rechnungslegung vorgibt.

Warum wurden die IFRS entwickelt?

Im Zuge der zunehmenden Globalisierung und der damit verbundenen stärkeren Kapitalmarktorientierung in der Unternehmenslandschaft entstehen immer mehr Beziehungen zwischen internationalen Geschäftspartnern.

Entscheidungen über Investitionen, Vertragsabschlüsse und Geschäftskonditionen basieren auf den von den jeweiligen Partnern veröffentlichten Informationen. So erfolgt der Jahresabschluss deutscher Firmen beispielsweise nach dem Handelsgesetzbuch (HGB). Den neuen internationalen Informationsansprüchen wird diese Praxis nicht mehr gerecht. Es gilt vielmehr Grundlagen zu schaffen, die es ermöglichen, eine international gültige Vergleichbarkeit von Jahresabschlüssen und Unternehmensbewertungen (Rating) zu gewährleisten: standardisierte, einheitliche Rechnungslegungsinstrumente. Um diesen neuen Anforderungen gerecht zu werden, wurden die IFRS entwickelt.

Welche Vorzüge bieten die IFRS?

- Leichterer Zugang zu den internationalen Kapitalmärkten,
- Vereinheitlichung des Berichtswesens und höhere Transparenz im Unternehmen,

- besseres Image bei Lieferanten, Kunden u. Kapitalgebern.
- Aufgrund der hohen Anforderungen an das Rechnungswesen und Controlling stehen alle notwendigen Informationen zur Verfügung, um das Unternehmen zu steuern, z. B. lassen sich mithilfe des Umsatzkostenverfahrens automatisch die Deckungsbeiträge für einzelne Kunden ableiten.
- Die IFRS vermitteln relevante Informationen über die Vermögens-, Finanz- und Ertragslage, die für die Geschäftsführung im Zusammenhang mit ihrer Selbstinformationspflicht sehr wichtig sind.

Wie sind die IFRS aufgebaut?

Das Regelwerk der IFRS besteht aus drei Teilbereichen:

1. **Framework**: Es beinhaltet die Rahmenbedingungen und bildet die konzeptionelle Grundlage für die IFRS.
2. **Einzelstandards**: Sie sind laufend durchnummeriert und enthalten Regeln zu Ansatz, Bewertung, Ausweis und Erläuterung der Posten der Rechnungslegung (IAS 1 bis 41 und IFRS 1 bis 9).
3. **Interpretations**: Sie konkretisieren und ergänzen die Standards und entstammen dem früheren Standing Interpretation Committee (SIC) und dem jetzigen International Financial Reporting Interpretations Committee (IFRIC) (SIC 7 bis 32, IFRIC 1 bis 19 und IFRIC D ff.).

Hierarchisch stehen die Standards und Interpretationen über dem Framework, da sie konkrete Sachverhalte regeln, das Framework jedoch lediglich die allgemeine Basis der IFRS enthält. Die folgende Abbildung veranschaulicht den Aufbau der IFRS.

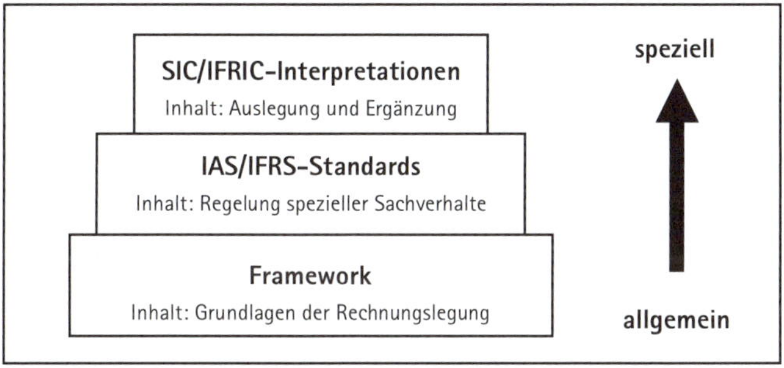

Das Framework (Rahmenkonzept)

Es enthält allgemeine Regeln, die das theoretische Fundament der IFRS-Rechnungslegung bilden. Dazu gehören

- die Zielsetzung von IFRS-Jahresabschlüssen,
- die Grundprinzipien der Rechnungslegung,
- die Definition, der Ansatz und die Bewertung der Abschlussposten sowie
- Kapital und Kapitalerhaltungskonzepte.

Das Framework dient vor allem als Leitlinie, um neue Standards zu entwickeln, bzw. stellt eine Hilfe dar, um Sachverhalte zu behandeln, die noch nicht durch einen IFRS-Standard geregelt sind.

> Das Framework stellt die Basis der IFRS-Rechnungslegung dar und enthält übergreifende Überlegungen bezüglich der Grundanforderungen zur Rechnungslegung. Auf ihr bauen die einzelnen IAS/IFRS-Standards auf. Durch die Interpretations (SIC, IFRIC) werden die Standards näher konkretisiert.

Die einzelnen Standards bzw. IAS/IFRS

Die einzelnen Standards regeln konkrete Sachverhalte und folgen einem bestimmten Aufbauschema:

- Einführung
- Zielsetzung, um die Intention des Standards aufzuzeigen
- Anwendungsbereich des Standards
- Darstellung relevanter Definitionen
- Bilanzierungs- und Bewertungsregeln des Standards
- Angaben im Anhang
- Übergangsvorschriften
- Zeitpunkt des Inkrafttretens des Standards
- Anhang mit Anwendungsleitlinien und Beispielen

Wie lauten die Grundprinzipien der IFRS?

Die Grundprinzipien der IFRS sind im Framework geregelt. IAS 1 bestimmt, wie der Abschluss dargestellt werden soll.

Basisannahmen

Die Basisannahmen (underlying assumptions) bilden die Grundlage der Rechnungslegung nach IFRS. Sie sind in IAS 1 definiert und umfassen die folgenden zwei Basisgrundsätze:

- die Annahme der Unternehmensfortführung („going concern principle") und
- die periodengerechte Erfolgsermittlung („accrual basis of accounting").

Diese Grundsätze werden im Framework durch die so genannten qualitativen Zusatzanforderungen an die Rechnungslegung ergänzt.

Qualitative Anforderungen

Mithilfe dieser „qualitive characteristics" sollen die Informationen des Jahresabschlusses für die Leser aussagekräftiger und damit nützlicher werden. Die wichtigsten qualitativen Anforderungen sind:

- **Verständlichkeit (understandability):** Der Abschluss muss nach diesem Prinzip klar, deutlich und nachvollziehbar aufgebaut sein.
- **Relevanz (relevance):** Nur entscheidungsrelevante Informationen sind auszuweisen. Zu dieser Anforderung gehört – als ein wichtiges Kriterium für die Anwendung aller IAS/IFRS – die Wesentlichkeit (materiality).
- **Verlässlichkeit (reliability):** Eine Information muss glaubwürdig, wertneutral und vollständig dargestellt werden. Die Anforderung der Verlässlichkeit wird durch fünf Einzelgrundsätze konkretisiert:
  - glaubwürdige Darstellung (faithful representation),
  - wirtschaftliche Betrachtungsweise (substance over form),
  - Willkürfreiheit/Neutralität (neutrality),
  - Vollständigkeit (completeness) und
  - Vorsicht (prudence).
- **Vergleichbarkeit (comparability):** Die Informationen sind so darzustellen, dass sowohl zwei Abschlüsse eines Unter-

nehmens verschiedener Perioden als auch mehrere Unternehmensabschlüsse miteinander vergleichbar sind.

Da sich die IFRS nur auf wesentliche Posten beziehen, kann bei unwesentlichen Posten von ihnen abgewichen werden. Wesentlich sind Angaben dann, wenn die Entscheidungen der Adressaten dadurch beeinflusst werden könnten, ob sie überhaupt oder ob sie falsch informiert wurden.

Die folgenden Nebenbedingungen müssen ebenfalls erfüllt sein:

- zeitnahe Berichterstattung,
- die Abwägung von Kosten und Nutzen und
- die Ausgewogenheit der qualitativen Anforderungen.

Schließlich haben die IFRS-Abschlüsse die Vermögens-, Finanz- und Ertragslage entsprechend den tatsächlichen Verhältnissen darzustellen. Die Übersicht auf der nächsten Seite fasst die Grundprinzipien der IFRS zusammen.

Wer muss die IFRS anwenden?

Gemäß der IFRS-Verordnung des Europäischen Parlaments sind seit 2005 alle kapitalmarktorientierten Konzerne in der EU verpflichtet, ihren Abschluss nach den internationalen Rechnungslegungsgrundsätzen der IFRS zu erstellen. Deren Tochterunternehmen passen in der Regel auch ihre Rechnungslegung an die IFRS an.

Seit 2005 müssen alle kapitalmarktorientierten Unternehmen in der EU ihren Jahresabschluss nach IFRS erstellen!

Doch nicht nur der Gesetzgeber hat reagiert: Seit der Einführung des neuen Prime Standards der Deutschen Börse 2003 gewann die internationale Rechnungslegung für deutsche Unternehmen

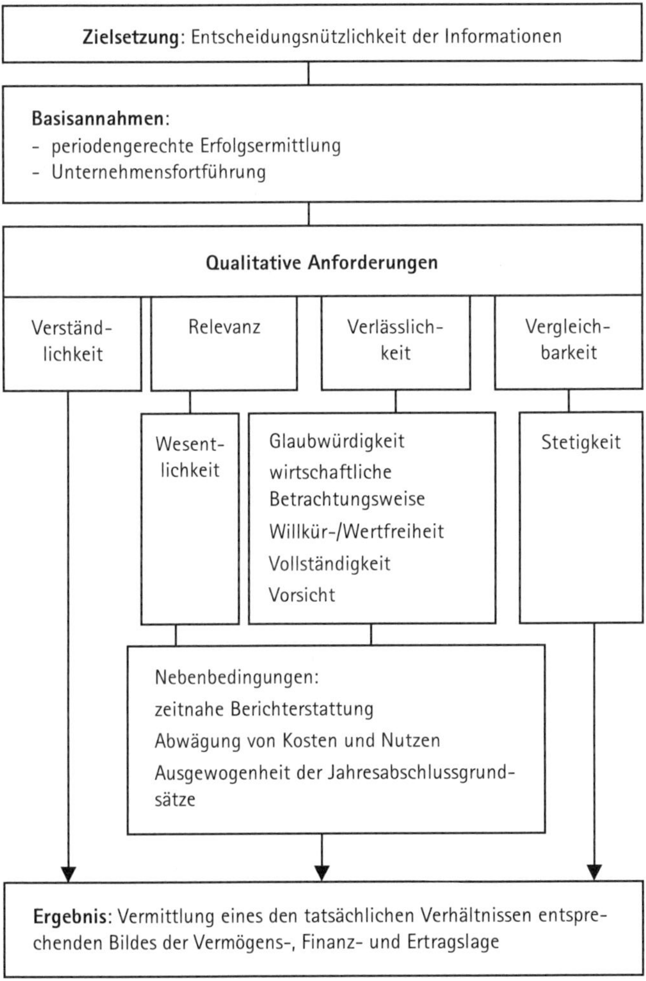

Die Grundprinzipien der IFRS

zusätzlich an Brisanz. Strebt Ihr Unternehmen an, in die Auswahlindizes DAX, MDAX, SDAX und TecDAX aufgenommen zu werden, muss es im Prime Standard zugelassen sein. In den „Prime Standard" werden ausschließlich Unternehmen aufgenommen, die internationale Transparenzanforderungen erfüllen – sie haben u. a. die Pflicht, ihren Abschluss nach internationalen Rechnungslegungsstandards zu erstellen, wozu neben den US-GAAP auch die IFRS gehören.

Auch nicht kapitalmarktorientierte Unternehmen haben die Möglichkeit, ihren Jahresabschluss nach IFRS zu erstellen. Obwohl sie nicht dazu verpflichtet sind, kann eine Umstellung auf IFRS für diese Unternehmen vorteilhaft sein.

Die Regelungen zur Umstellung im Überblick

Der Beschluss der EU-Kommission beinhaltet folgende Regeln:

- Kapitalmarktorientierte EU-Unternehmen sind verpflichtet, ihre Konzernabschlüsse nach IFRS zu erstellen.
- Die EU-Mitgliedsstaaten haben die Möglichkeit, die Anwendung der IFRS auch bei Einzelabschlüssen von kapitalmarktorientierten Unternehmen zu gestatten bzw. vorzuschreiben.
- Bei nicht kapitalmarktorientierter Unternehmen haben die EU-Mitgliedsstaaten ebenfalls ein Wahlrecht: Sie können in Bezug auf Konzern- und Einzelabschlüsse gestatten oder vorschreiben, dass die IFRS angewendet werden. Der Konzernabschluss kann in Deutschland nach IFRS erstellt werden, jedoch muss zusätzlich ein Lagebericht nach HGB erstellt werden. Der Einzelabschluss ist dennoch nach HGB zu erstellen, wobei ein zusätzlicher Einzelabschluss zu Offenlegungszwecken nach IFRS möglich ist.

> Selbst wenn Ihr Unternehmen nicht unmittelbar von einer Umstellung betroffen ist, werden Sie sich z. B. als Geschäftsführer, kaufmännischer Leiter, Mitarbeiter im Rechnungswesen oder BWL-Student zukünftig auf jeden Fall mit der IFRS-Rechnungslegung befassen müssen.

Geltungsbereich der IFRS

Seit dem Jahr 2005 ist nach § 315a HGB

- jede in Deutschland ansässige *Konzernmutter*
- zur Erstellung eines *IFRS-Konzernabschluss*es verpflichtet, wenn sie als
- *kapitalmarktorientiertes Unternehmen* die Börse zur Ausgabe von Aktien oder Anleihen in Anspruch nimmt.

Abschlussmerkmal	Konzernabschluss	Einzelabschluss
kapitalmarktorientierte Unternehmen	IFRS-Pflicht	**Pflicht:** HGB-Abschluss (zur Zahlungsbemessung) **Wahlrecht:** zusätzlich IFRS-Abschluss (zur Offenlegung)
nicht kapitalmarktorientierte Unternehmen	IFRS-Wahlrecht	**Pflicht:** HGB-Abschluss (zur Zahlungsbemessung) **Wahlrecht:** zusätzlich IFRS-Abschluss (zur Offenlegung)

> Deutsche Unternehmen, die verpflichtet sind oder wahlweise die IFRS-Rechnungslegung anwenden, müssen zusätzlich zum IFRS-Abschluss einen Lagebericht nach HGB aufstellen.

IFRS und HGB – was sind die Hauptunterschiede?

Der vorrangige Rechnungslegungszweck nach dem HGB ist der Gläubigerschutz und die Kapitalerhaltung. Hauptadressaten sind die Fremdkapitalgeber eines Unternehmens. Somit ist die Information der Rechnungslegung vorrangig kreditorientiert. Das Vorsichtsprinzip nach HGB führt dazu, dass Erfolge bzw. Vermögenswerte eher zu niedrig und Aufwendungen sowie Schulden eher zu hoch ausgewiesen werden.

Anders verhält es sich bei den IFRS. Hier dient der vorrangige Rechnungslegungszweck dem Investorenschutz. Im Gegensatz zum HGB sind die Investoren, d. h. die Eigenkapitalgeber, die Hauptadressaten. Daher sollen Erfolge möglichst periodengerecht ausgewiesen und Informationen für wirtschaftliche Entscheidungen der Investoren vermittelt und bereitgestellt werden. Alle anderen Ziele werden dieser Funktion untergeordnet. Der Grundsatz der „fair presentation" sichert die Entscheidungsnützlichkeit der Information und soll somit einerseits die Investoren schützen und andererseits das Interesse der Investoren und Aktionäre wecken. Das Vorsichtsprinzip rückt dabei in den Hintergrund.

Bei den IFRS ist die Informationsfunktion das oberste Ziel. Der Schwerpunkt liegt auf dem Grundsatz der „fair presentation". Dagegen stellt bei der HGB-Rechnungslegung der Gläubigerschutz das oberste Ziel dar. Dieser wird durch das Vorsichtsprinzip gewährleistet.

Wie unterscheiden sich die Rechnungslegungsziele?

Die folgende Gegenüberstellung zeigt Ihnen, worin sich die Rechnungslegungsziele der IFRS von den Zielen des HGB unterscheiden:

Kriterium	HGB	IFRS
Rechnungslegungszweck	Gläubigerschutzprinzip und Kapitalerhaltung	Schutz der Anleger und Investoren
Hauptadressat	Fremdkapitalgeber (kreditorientierte Rechnungslegung)	Eigenkapitalgeber (kapitalmarktorientierte Rechnungslegung)
Benötigte Information	für Gläubiger ist die zukünftige Gewinnsituation wichtig, damit der Kapitaldienst gewährleistet ist	zukünftige, geplante Einzahlungsüberschüsse, wirtschaftliche Lage des Unternehmens
Rechnungslegungsziel	durch Vorsichtsprinzip verminderter Erfolgsausweis und dadurch Erhaltung der Haftungsmasse für den Gläubiger	Bereitstellung von besseren Informationen für wirtschaftliche Entscheidungen der Investoren, d. h. die periodengerechte Erfolgsermittlung ist bestimmend
steuerliche Einflüsse	Maßgeblichkeitsprinzip als Ausgangsbasis für die Steuerbilanz seit 01.01.2010 keine umgekehrte Maßgeblichkeit mehr	keine unmittelbare Bindung zum Steuerrecht

Kriterium	HGB	IFRS
Generalklausel	Berücksichtigung des Vorsichtsprinzips	Grundsatz der fair presentation, kein Abweichen von den Einzelvorschriften möglich
Gewinnermittlung	vorsichtig, verlustantizipierend, Maßgeblichkeit für Steuerbilanz, Ansatz- und Bewertungswahlrechte	realistisch zu ermitteln (fair presentation), ohne steuerlichen Einfluss, Tendenz zum „fair value accounting"
Angabe- und Offenlegungspflichten	begrenzt, nach BilMoG umfangreicher	sehr umfangreich
Einzelabschluss	bedeutend mit steuerlichen Rechtsfolgen	wenige Vorschriften
Konzernabschluss	rein informativer Abschluss	vorrangiger Abschluss

Welche Rechnungslegungsinstrumente müssen in den Abschluss?

Ein Jahresabschluss besteht aus verschiedenen Bestandteilen bzw. Rechnungslegungsinstrumenten – z. B. der Bilanz, der Gesamtergebnisrechnung oder dem Anhang. Ein vollständiger IFRS-Abschluss nach IAS 1.10 i. V. m. IAS 1.38 (revised 2009) beinhaltet grundsätzlich:

Bestandteile eines Jahresabschlusses nach IFRS	
Bilanz	Statement of financial position
Gesamtergebnisrechnung	Statement of comprehensive income
Eigenkapitalveränderungsrechnung	Statement of changes in equity
Kapitalflussrechnung	Statement of cash flows
Anhang, der die maßgeblichen Bilanzierungs- und Bewertungsmethoden zusammenfasst und wesentliche Erläuterungen enthält	Notes, comprising a summary of significant accounting policies and other explanatory information
Bilanz auf den frühesten Zeitpunkt der Vergleichsperiode (nur bei Ausweisänderungen oder rückwirkenden Ansatz- oder Bewertungsänderungen)	Statement of financial position as at the beginning of the earliest comparative period
Zusätzlich für börsennotierte Unternehmen	
Ergebnis je Aktie	Earnings per share
Zusätzlich für kapitalmarktorientierte Unternehmen	
Segmentberichterstattung	Operating segments

Welche Posten umfasst die IFRS-Bilanz?

Im Rahmenkonzept und in IAS 1.54 wird der Ansatz von Posten in der Bilanz beschrieben. Die folgende Tabelle zeigt die Posten der Mindestgliederung nach IFRS.

Aktiva	Passiva
▪ Sachanlagen ▪ Als Finanzinvestition gehaltene Immobilien ▪ Immaterielle Vermögenswerte ▪ At Equity bewertete Finanzanlagen ▪ Biologische Vermögenswerte ▪ Vorräte ▪ Forderungen aus Lieferungen und Leistungen sowie sonstige Forderungen ▪ Zahlungsmittel und Zahlungsmitteläquivalente ▪ Tatsächliche Steuerforderungen ▪ Latente Steuerforderungen ▪ Zur Veräußerung gehaltene langfristige Vermögenswerte	▪ Eigenkapital der Gesellschafter des Mutterunternehmens ▪ Eigenkapital der Minderheitsgesellschafter ▪ Rückstellungen ▪ Finanzverbindlichkeiten ▪ Verbindlichkeiten aus Lieferungen und Leistungen sowie sonstige Verbindlichkeiten ▪ Tatsächliche Steuerverbindlichkeiten ▪ Latente Steuerverbindlichkeiten ▪ Schulden im Zusammenhang mit zur Veräußerung gehaltenen langfristigen Vermögenswerten

Es ist für die Fristengliederung eine Einteilung in lang- (noncurrent) und kurzfristige Vermögenswerte und Schulden notwendig. Die Fristigkeit nimmt dabei von oben nach unten ab:

- Aktiva: langfristige vor kurzfristigen Vermögenswerten
- Passiva: Eigenkapital vor langfristigen und kurzfristigen Schulden

Bestandteile des Eigenkapitals

Das Eigenkapital kann eingeteilt werden in eingezahltes und erwirtschaftetes Eigenkapital.

Eigenkapital nach IFRS
Eingezahltes Eigenkapital ▪ Gezeichnetes Kapital ▪ Kapitalrücklagen
Erwirtschaftetes Eigenkapital ▪ Gewinnrücklagen ▪ Neubewertungsrücklagen (für Sachanlagen und immaterielle Vermögenswerte) ▪ Wertänderungsrücklagen (fair value Rücklage) für "available-for-sale financial assets" und "Cashflow-Hedges" ▪ Rücklagen aus Währungsdifferenzen ▪ Versicherungsmathematische Rücklagen nach IAS 19 (Leistungen an Arbeitnehmer)

Bei der Bilanzierung von eigenen Anteilen findet im Zeitpunkt des Erwerbs eine gesamtergebnisneutrale Kürzung des Eigenkapitals um die Anschaffungskosten eigener Aktien statt.

Wie ist die IFRS-Gesamtergebnisrechnung aufgebaut?

Die Gesamtergebnisrechnung (statement of comprehensive income) umfasst die erfolgswirksamen Aufwendungen und Erträge in der Gewinn- und Verlustrechnung (income statement) und die so genannten „erfolgsneutralen Aufwendungen und Erträge" im so genannten „Sonstigen Ergebnis" (other comprehensive income).

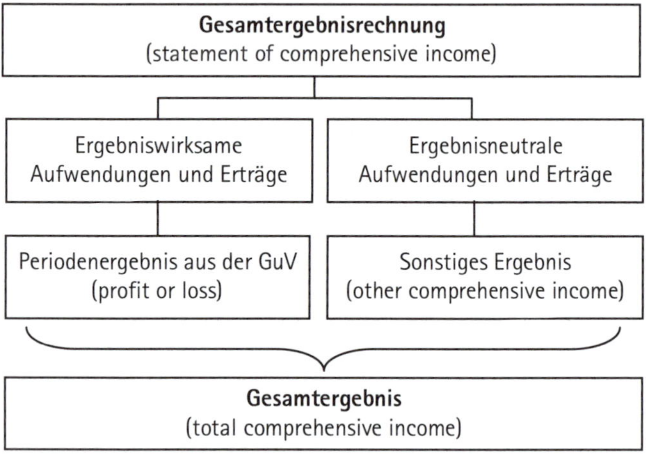

Das Gesamtergebnis umfasst alle Veränderungen des Eigenkapitals, die nicht auf Transaktionen (Einlagen, Entnahmen, Ausschüttungen) mit den Eigentümern in ihrer Funktion als Eigentümer zurückzuführen sind.

Die Pflicht zur Aufstellung einer Gesamtergebnisrechnung kann auf zwei Arten erfüllt werden:

- Nach dem **„two statement approach"** bleibt die GuV ein selbstständiges Rechenwerk, dessen Saldo (Gewinn oder Verlust) in die Gesamtergebnisrechnung übertragen wird.

- Nach dem **„one statement approach"** ist die GuV ein unselbstständiger Teil der Gesamtergebnisrechnung.

Für die GuV-Rechnung kann nach IFRS das Gesamt- oder das Umsatzkostenverfahren angewandt werden.

	Gesamtkostenverfahren		**Umsatzkostenverfahren**
	Umsatzerlöse		Umsatzerlöse
+/-	Bestandsveränderungen	–	Herstellungskosten des Umsatzes
+	**aktivierte Eigenleistungen**	=	**Bruttoergebnis vom Umsatz**
+	sonstige betriebl. Erträge	–	Vertriebskosten
–	Materialaufwand	–	Verwaltungskosten
–	Personalaufwand	+	sonstige betriebl. Erträge
–	Abschreibungen	–	sonstige betriebl. Aufwendungen
–	sonstige betriebl. Aufwendungen		
=	**Betriebsergebnis (1)**		
+/-	Equity-Ergebnis aus assoziierten Unternehmen und Joint Ventures		
+	übrige Finanzerträge		
–	übrige Finanzaufwendungen		
=	**Finanzergebnis (2)**		
+	Betriebsergebnis (1)		
–	Ertragssteueraufwand		
+/-	Ergebnis aus aufgegebenen Geschäftsbereichen		
=	**Periodenergebnis (Gewinn oder Verlust) nach Steuern**		

Das Gesamtergebnis setzt sich aus dem Periodenergebnis und dem sonstigen Ergebnis zusammen. Die nächste Abbildung zeigt die Überleitung des Periodenergebnisses zum Gesamterfolg.

	Periodenergebnis	
+/-	**Währungsumrechnungsdifferenzen**	**sonstiges Ergebnis**
+/-	versicherungsmathematische Gewinne und Verluste aus leistungsorientierten Pensionsplänen	
+/-	Bewertungsergebnisse aus dem effektiven Teil einer Absicherung von Cashflows	
+/-	Bewertungsergebnisse aus zur Veräußerung verfügbaren finanziellen Vermögenswerten	
+/-	Gewinne oder Verluste aus der Neubewertung von Sachanlagen und immateriellen Vermögenswerten	
+/-	ergebnisneutrale Erfolgsbestandteile aus den at Equity bewerteten Beteiligungen	
=	**Gesamtergebnis der Periode**	
	Ergebnisanteil der Aktionäre der Muttergesellschaft	
	Ergebnisanteil, der den Minderheitsanteilen zuzurechnen ist	

Die wichtigsten Bilanzierungs- und Bewertungsfragen

In diesem Kapitel erfahren Sie, wie die allgemeinen Bewertungsvorschriften (S. 26) sowie die Bewertungsregeln lauten für

- immaterielle Vermögenswerte (S. 36),
- Sachanlagen (S. 46),
- Vorräte und Fertigungsaufträge (S. 59),
- Finanzinstrumente (S. 74),
- Forderungen (S. 89),
- Rückstellungen und Pensionsrückstellungen (S. 94),
- Verbindlichkeiten (S. 104),
- Leasing (S.108) und
- latente Steuern (S. 114).

Die Antworten auf diese Fragen werden veranschaulicht durch zahlreiche Beispiele und Übersichten.

Allgemeine Ansatz- und Bewertungsvorschriften

Vermögenswerte und Schulden müssen in der Bilanz mit Geldwerten beziffert werden. Die entsprechenden Bewertungsvorschriften nach IFRS weichen zum Teil erheblich von den Vorschriften des HGB ab. Unterschiede zwischen HGB und IFRS bestehen auch hinsichtlich der Posten, die in der Bilanz erfasst werden müssen.

Bevor im weiteren Verlauf dieses Kapitels die wichtigsten Bilanzierungs- und Bewertungsfragen detailliert betrachtet werden, gibt Ihnen der folgende erste Abschnitt einen Überblick über generelle Ansatz- und Bewertungsvorschriften, wie sie nach HGB und IFRS gelten.

Generelle Ansatzvorschriften

In der IFRS-Bilanz sind Vermögenswerte, Schulden und Eigenkapital zu erfassen.

> Genauso wie im neuen HGB gibt es auch in IFRS keine Bilanzierungshilfen und auch keinen Sonderposten mit Rücklageanteil.

Die Gesamtergebnisrechnung (HGB = GuV-Rechnung), setzt sich zusammen aus den GuV-wirksamen Aufwendungen und Erträgen sowie dem sonstigen Ergebnis, das die nicht in der GuV berücksichtigten Einkommensbestandteile enthält.

Ein Vermögenswert (asset) muss nach IFRS drei Bedingungen erfüllen:

1 Er muss eine in der Verfügungsmacht des Unternehmens stehende Ressource sein,
2 die ein Resultat vergangener Ereignisse ist und
3 von der ein Zufluss zukünftigen wirtschaftlichen Nutzens erwartet wird.

Eine Schuld (liability) muss ebenfalls drei Eigenschaften haben. Bei ihr muss

1 eine gegenwärtige Verpflichtung gegenüber Dritten vorliegen,
2 die ein Ergebnis vergangener Ereignisse ist und
3 von deren Erfüllung erwartet wird, dass Ressourcen mit wirtschaftlichem Nutzen abfließen.

Nach IFRS sind nur Verbindlichkeitsrückstellungen, aber keine Aufwandsrückstellungen erlaubt.

Generelle Bewertungsvorschriften

Als Bewertungsmaßstäbe kommen die Anschaffungs- oder Herstellungskosten (AK/HK), der Tageswert, der Veräußerungswert (bei der Aktiva), der Erfüllungsbetrag (bei den Schulden) und der Barwert in Betracht. Zudem unterscheiden die IFRS zwischen Erst- und Folgebewertung.

Erstbewertung

Hier werden die Vermögenswerte mit den AK/HK angesetzt. Die Anschaffungskosten umfassen den Kaufpreis zzgl. Anschaffungsnebenkosten abzüglich Anschaffungspreisminderungen.

Worin sich HGB und IFRS in der Ermittlung der Herstellungskosten unterscheiden, sehen Sie in folgender Tabelle:

Herstellungskostenbestandteile	HGB	IFRS
Materialeinzelkosten	P	P
Fertigungseinzelkosten	P	P
Sondereinzelkosten der Fertigung	P	P
Materialgemeinkosten	P	P
Fertigungsgemeinkosten	P	P
Werteverzehr des Anlagevermögens	P	P
Fertigungsbezogene Verwaltungskosten	P	P
Verwaltungskosten (allgemein)	W	V
Aufwendungen für soziale Einrichtungen, freiwillige soziale Leistungen, betriebliche Altersversorgung	W	P*
Fremdkapitalzinsen zur Finanzierung der Herstellung eines Vermögensgegenstands, die auf die Dauer der Herstellung entfallen	W	P**
Steuern des Fertigungsbereichs (GrSt., KfzSt.)	P	P
Entwicklungskosten	W	P***
Forschungskosten	V	V
Vertriebskosten	V	V

* = produktionsbezogen; ** = qualifizierter Vermögenswert, d.h. für Vermögenswerte, deren Herstellung oder Anschaffung einen beträchtlichen Zeitraum in Anspruch nimmt; *** = Pflicht, falls IAS 38. 57 anwendbar, ansonsten Verbot;

P = Pflicht, W = Wahlrecht, V = Verbot,

> Die IFRS verlangen grundsätzlich, dass die Herstellungskosten zu Vollkosten bewertet werden. Es gibt keine Wahlrechte.

Beispiel: Herstellungskosten bei einem Automobilzulieferer

Ein Automobilzulieferer bilanziert nach IFRS. Es wurden im Geschäftsjahr 400.000 Spurstangen in Serienfertigung produziert und davon 390.000 Stück verkauft.

Die Materialeinzelkosten betragen 4,00 €/St. Zusätzlich sind 15 % Materialgemeinkosten zu verrechnen. Die Fertigungseinzelkosten betragen 3,50 €/St., zusätzlich sind 150 % Fertigungsgemeinkosten und 1,00 €/St. Abschreibungen zu verrechnen. Für Sondereinzelkosten der Fertigung sind 0,50 €/St. angefallen. Die herstellungsbezogenen Verwaltungskosten betragen 0,70 €/St. und die allgemeinen Verwaltungskosten 1,20 €/St. Es entstehen Vertriebskosten = 1,00 €/St., Fremdkapitalzinsen = 0,40 €/St. und Forschungskosten = 1,20 €/St. Mit welchem Wert sind die 10.000 Spurstangen nach IFRS als Fertigerzeugnisse in der IFRS-Bilanz zu aktivieren?

Ermittlung der Herstellungskosten nach IFRS	
Materialeinzelkosten	4,00 €/St.
Materialgemeinkosten	+ 0,60 €/St.
Fertigungseinzelkosten	+ 3,50 €/St.
Fertigungsgemeinkosten	+ 5,25 €/St.
Abschreibungen	+ 1,00 €/St.
Sondereinzelkosten der Fertigung	+ 0,50 €/St.
herstellungsbez. Verwaltungskosten	+ 0,70 €/St.
allgemeine Verwaltungskosten	Verbot
Vertriebskosten	Verbot
Fremdkapitalzinsen	Verbot (kein qualifying asset)
Forschungskosten	Verbot
Herstellungskosten pro Stück	**= 15,55 €/St.**
Lagerwert (Wert/St. x 10.000 St.)	**155.500,00 €**

Folgebewertung nach IFRS

Für die Folgebewertung der immateriellen Vermögenswerte und der Sachanlagen besteht im Gegensatz zum HGB nach IFRS ein Wahlrecht.

Folgebewertungskonzeptionen nach IFRS		
Kategorie	**Möglichkeiten der Folgebewertung**	
immaterielle Vermögenswerte und Sachanlagen	planmäßige und außerplanmäßige Abschreibungen	regelmäßige Neubewertung, ggf. planmäßige und außerplanmäßige Abschreibungen
Finanzinstrumente	weitgehende Bewertung zum beizulegenden Zeitwert (fair value)	

Entsprechend können Sie die immateriellen Vermögenswerte und Sachanlagen mit den fortgeführten Anschaffungs- oder Herstellungskosten (Anschaffungskostenmodell) oder mit dem beizulegenden Zeitwert (Neubewertungsmodell) bewerten.

- **Anschaffungskostenmodell:** Zunächst werden die Anschaffungs- oder Herstellungskosten um die planmäßigen Abschreibungen verringert. Anschließend vergleichen Sie die fortgeführten Anschaffungs- oder Herstellungskosten mit dem für den Vermögenswert erzielbaren Betrag (recoverable amount).
  Hierbei kann es zu einer außerplanmäßigen Abschreibung auf den niedrigeren erzielbaren Betrag kommen. Der erzielbare Betrag entspricht dabei dem höheren Wert aus beizulegendem Zeitwert abzüglich Verkaufskosten (fair value less costs to sell) und Nutzungswert (value in use). Besteht diese Wert-

minderung in einer späteren Periode nicht mehr, erfolgt eine erfolgswirksame Zuschreibung bis auf den erzielbaren Betrag. Dabei dürfen die fortgeführten Anschaffungs- oder Herstellungskosten (AK/HK) nicht überschritten werden.

Das folgende Schema zeigt Ihnen das Verfahren des Werthaltigkeitstests (impairment test) nach dem Anschaffungskostenmodell.

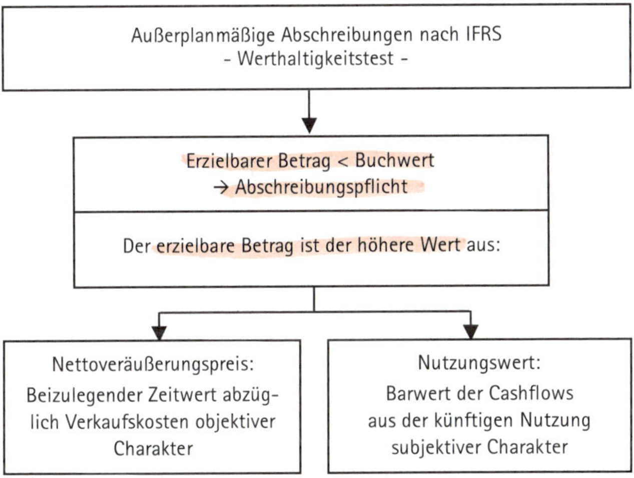

Falls der erzielbare Betrag (recoverable amount) für einen Vermögenswert unter dessen Restbuchwert gesunken ist, erfolgt immer eine außerplanmäßige Abschreibung. Die neue planmäßige Abschreibung wird entsprechend angepasst. Eine eventuell spätere Zuschreibung kann bis max. zu den fortgeführten Anschaffungs- oder Herstellungskosten erfolgen.

> Der erzielbare Betrag ist der höhere Wert aus dem beizulegenden Zeitwert abzüglich Verkaufskosten (fair value less costs to sell) und dem Nutzungswert (value in use).

Der beizulegende Zeitwert abzüglich Verkaufskosten wird vom Absatzmarkt bestimmt. Hierbei sind vom unter marktüblichen Bedingungen erzielbaren Veräußerungspreis die notwendigen Veräußerungskosten abzuziehen. Der Nutzungswert wird unternehmensintern bestimmt.

- **Neubewertungsmodell:** Es darf nur angewendet werden, wenn für den betreffenden Vermögenswert ein aktiver Markt besteht, auf dem Vermögenswerte gehandelt werden. Beim Neubewertungsmodell werden die Vermögenswerte entweder jährlich oder alle drei bis fünf Jahre neu bewertet. Dabei wird der Buchwert mit dem beizulegenden Zeitwert (fair value) des Vermögenswertes verglichen.

  Ist der beizulegende Zeitwert höher als der Buchwert, müssen Sie den beizulegenden Zeitwert ansetzen, auch wenn er über den historischen Anschaffungs- oder Herstellungskosten liegt. Diese Werterhöhung (Differenz zwischen beizulegendem Zeitwert und Buchwert) wird dann erfolgsneutral zugeschrieben und in die Neubewertungsrücklage (revaluation surplus), die Teil des Eigenkapitals ist, eingestellt.

  Kommt es später zu einer Wertminderung, lösen Sie zunächst die Neubewertungsrücklage erfolgsneutral auf. Sollte die für den einzelnen Vermögenswert gebildete Rücklage nicht ausreichen, behandeln Sie die überschreitende Minderung als erfolgswirksame außerplanmäßige Abschreibung.

Falls Sie das Neubewertungsmodell anwenden möchten, müssen Sie immer für eine ganze Gruppe von Sachanlagen eine Neubewertung vornehmen. Nur für einen einzelnen Vermögenswert dürfen Sie das Neubewertungsmodell nicht anwenden.

Die nächste Abbildung zeigt Ihnen die Vorgehensweise bei der Folgebewertung mit dem Neubewertungsmodell.

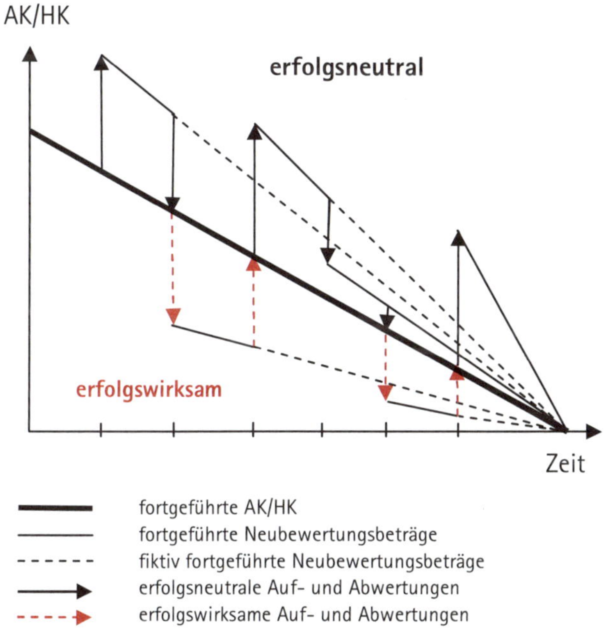

Beispiel: Neubewertungsmodell

Ein Automobilzulieferer kaufte während der Immobilienflaute am 01.01.04 ein Gebäude für 400.000 €. Die Nutzungsdauer wird mit 33 1/3 Jahren angesetzt und jährlich linear mit 3 % abgeschrieben. Am 31.12.10 wurde die Immobilie geschätzt und der beizulegende Zeitwert beträgt 500.000 €. Es wird das Neubewertungsmodell angewandt.

Der Buchwert der Immobilie beträgt zum 31.12.10: 316.000 € (Anschaffungskosten – planmäßige Abschreibungen der Jahre 04 bis einschließlich 10).

Da der beizulegende Zeitwert 500.000 € beträgt, wird die Differenz in Höhe von (500.000 € – 316.000 € =) 184.000 € erfolgsneutral auf 500.000 € zugeschrieben.

Es wird eine Neubewertungsrücklage in Höhe von 184.000 € (Erfassung im sonstigen Ergebnis) gebildet. Die nachfolgende Darstellung zeigt, wie sich die Bilanz aufgrund der Neubewertung verändert hat.

Bilanz zum 31.12.10			
Gebäude	500.000 €	Eigenkapital	316.000 €
		Neubewertungsrücklage	184.000 €
erfolgsneutraler Vermögenszuwachs in Höhe von 184.000 €			

Die Neubewertung des Gebäudes (Zuschreibung um 184.000 €) erfolgte erfolgsneutral gegen die Neubewertungsrücklage (revaluation surplus).

Im nächsten Geschäftsjahr erfolgen die Abschreibungen vom Neubewertungsbetrag. Bei einer verbleibenden Restnutzungsdauer von 26 1/3 Jahren betragen die jährlichen Abschreibungen 18.987,34 €. Ohne die Neubewertung würden die jährlichen Abschreibungen nur 12.000 € betragen. Ein Teil der Neubewertungsrücklage (184.000 € : 26 1/3 Jahre = 6.987,34 €/Jahr) wird durch die Nutzung realisiert, so dass eine Umbuchung in die Gewinnrücklagen (revenue reserves) erfolgen kann.

Bilanz zum 31.12.11	
Gebäude 481.012,66 € (Minderung: 500.000 € : 26,3 Jahre = Abschreibung: 18.987,34 €/Jahr)	Neubewertungsrücklage 177.012,66 € (Minderung: 184.000 € : 26,3 Jahre) Einstellung in Gewinnrücklagen 6.987,34 €
Teilweise Auflösung der Neubewertungsrücklage in Höhe von 6.987,34 €	

Die Neubewertungsrücklage ist eine vorläufige Rücklage. Sie gilt erst dann als realisiert, wenn die als Aufwand verrechneten Abschreibungen am „Markt" verdient wurden.

Wenn Sie das Neubewertungsmodell nach IFRS anwenden, haben Sie im Gegensatz zum HGB die Möglichkeit eine Neubewertung zum fair value vorzunehmen, bei der Zuschreibungen auch über die fortgeführten Anschaffungs- oder Herstellungskosten möglich sind.

Wie funktioniert das Neubewertungsmodell?

Für die Neubewertung gibt es zwei Verfahren. Entweder kann sie nach der indirekten Methode oder der direkten Methode erfolgen. Bei der direkten Methode sind die kumulierten Abschreibungen ohne Anpassung gegen den Bruttobuchwert zu verrechnen und der Nettobetrag ist neu zu bewerten.

Nach der indirekten Methode werden die bis zum Neubewertungszeitpunkt kumulierten Abschreibungen proportional zur Änderung des Bruttobuchwertes angepasst.

Beispiel: Neubewertungsmodell

Anfang 01 wurde eine Werkzeugmaschine mit einer Nutzungsdauer von 8 Jahren für 40.000 € angeschafft und linear abgeschrieben. Ende 03 betragen die Wiederbeschaffungsneukosten der Maschine 50.000 €.

Neubewertung nach der indirekten Methode

Der Restbuchwert der Maschine beträgt Ende 03 25.000 €, die kumulierten Abschreibungen belaufen sich auf 15.000 €. Da der beizulegende Zeitwert um 25 % von 40.000 € auf 50.000 € gestiegen ist, sind die kumulierten Abschreibungen um 25 % anzupassen. Somit betragen die kumulierten Abschreibungen 18.750 € (15.000 € x 1,25). Die als beizulegender Zeitwert fortgeführten Wiederbeschaffungsneukosten der Maschine Ende 03 sind mit 31.250 € (50.000 € - 18.750 €) anzusetzen. Es erfolgt eine Buchwerterhöhung um 6.250 €, die der Neubewertungsrücklage erfolgsneutral gutgeschrieben wird.

Neubewertung nach der direkten Methode

Die direkte Methode geht vom Buchwert, also 25.000 € aus und stellt diesen Buchwert einem direkt bestimmten beizulegenden Zeitwert für eine vergleichbare Maschine gegenüber. Beträgt dieser z. B. 35.000 €, so würde eine Aufwertung um 10.000 € erfolgen.

Immaterielle Vermögenswerte

Immaterielle Vermögenswerte (IVW) sind Vermögenswerte, die körperlich nicht erfassbar sind. Hierzu gehören z. B. Software, Patente, Lizenzen, Urheberrechte, Goodwill usw.

Entgeltlich erworbene immaterielle Vermögenswerte werden zu Anschaffungskosten aktiviert. Selbst erstellte immaterielle Vermögenswerte sind zu aktivieren, wenn es hinreichend wahrscheinlich ist, dass mit der Nutzung des Vermögenswertes ein künftiger wirtschaftlicher Vorteil verbunden sein wird und die Kosten des Vermögenswertes zuverlässig ermittelt werden können.

Nach IFRS wird gemäß IAS 38 ein immaterieller Vermögenswert (intangible asset) als identifizierbarer, nicht monetärer Vermögenswert ohne physische Substanz definiert, der

- in der Verfügungsmacht eines Unternehmens steht,
- separierbar ist, d. h. er kann vom Unternehmen losgelöst oder übertragen werden, und
- aus dem ein künftiger wirtschaftlicher Nutzen resultiert.

Immaterielle Vermögenswerte (intangible assets) werden in der Regel in folgenden Unterposten gesondert ausgewiesen:

- derivativer Geschäfts- oder Firmenwert (goodwill)
- Entwicklungskosten (development costs)
- Patente, Lizenzen (patents, licences)

Forschungs- und Entwicklungskosten

Forschungskosten dürfen generell nicht aktiviert werden. Dies gilt sowohl für HGB als auch für IFRS. Unterschiede gibt es bei der Aktivierung der Entwicklungskosten, die der folgenden Tabelle zu entnehmen sind.

	HGB	IFRS
Forschungskosten	Verbot	Verbot
Entwicklungskosten für neue Produkte	Wahlrecht	Pflicht
Weiterentwicklungskosten bestehender Produkte	Wahlrecht	Pflicht

Entwicklungskosten für Erzeugnisse und Verfahren müssen Sie nach IFRS unter bestimmten Voraussetzungen aktivieren – nämlich dann, wenn sie als Vermögenswerte angesehen werden. Voraussetzung ist, dass sie alle Kriterien gemäß IAS 38.57 erfüllen.

Wann sind selbst erstellte immaterielle Vermögenswerte in der Entwicklungsphase nach IFRS zu aktivieren?

Es besteht gemäß IAS 38.57 eine Aktivierungspflicht, wenn die folgenden sechs Punkte alle erfüllt sind:

- technische Realisierbarkeit des Projekts,
- Absicht des Unternehmens, das Projekt zu beenden,
- Fähigkeit das Produkt zu nutzen oder zu verkaufen,
- voraussichtlicher künftiger wirtschaftlicher Nutzen,
- Verfügbarkeit der adäquaten Ressourcen, um die Entwicklung abschließen zu können und
- die Fähigkeit, die Kosten zuverlässig zu bestimmen.

Da diese Kriterien zum Teil schwer einschätzbar sind, besteht hinsichtlich der Aktivierung von Entwicklungsaufwendungen nach IFRS ein großer bilanzpolitischer Gestaltungsspielraum. Dies trifft vor allem auf das Kriterium der technischen Realisierbarkeit zu.

> Da die Kriterien, nach denen Entwicklungskosten aktiviert werden können, viel Ermessensspielraum ermöglichen, kann man bei IFRS quasi von einem Aktivierungswahlrecht sprechen.

Beispiel: Ermessensspielraum bei Entwicklungskosten

Ein Automobilzulieferer entwickelt eine neue Software für eine Motorsteuerung. Im Geschäftsjahr 01 entstanden dafür Forschungsaufwendungen in Höhe von 500.000 €. Da das Unternehmen mit einer erfolgreichen Vermarktung der Motorsteuerung rechnet, wurden von der Geschäftsführung weitere finanzielle Mittel für die Forschung und Entwicklung zur Verfügung gestellt. Im Geschäftsjahr 02 fielen Forschungskosten in Höhe von 300.000 € und Entwicklungskosten in Höhe von 400.000 € an. Die Motorsteuerung konnte im Geschäftsjahr 03 erfolgreich eingeführt werden, dabei entstanden in der Entwicklungsabteilung Personalaufwendungen für die Motorsteuerung von 350.000 € und Vertriebsaufwendungen in Höhe von 50.000 €. Wie ist nach IFRS zu bilanzieren?

Da Forschungskosten nicht aktiviert werden dürfen, erfolgt keine Aktivierung im Jahr 01. Im Geschäftsjahr 02 müssen die Entwicklungsaufwendungen in Höhe von 400.000 € aktiviert werden, wenn die Voraussetzungen gemäß IAS 38.57 erfüllt sind. Falls das Unternehmen zwischen Forschungs- und Entwicklungsaufwendungen nicht klar trennen kann, könnte das Unternehmen auf eine Aktivierung der Entwicklungskosten verzichten. Dies ermöglicht einen gewissen bilanzpolitischen Spielraum. Im Geschäftsjahr 03 sind die Personalaufwendungen in Höhe von 350.000 € zu aktivieren. Für Vertriebsaufwendungen besteht ein Aktivierungsverbot.

Wie werden Entwicklungskosten abgeschrieben?

Die aktivierten Entwicklungskosten sind planmäßig so abzuschreiben, dass die Abschreibung dem tatsächlichen Nutzungsverlauf entspricht. Die Nutzungsdauer eines immateriellen Vermögenswertes ist mindestens zum Ende eines jeden Geschäftsjahres zu überprüfen.

Eine außerplanmäßige Abschreibung ist nur notwendig, wenn die zukünftig zu erwartenden Erträge aus den aktivierten Entwicklungsaufwendungen unter deren Buchwert sinken.

Geschäfts- oder Firmenwert (Goodwill)

Beim Geschäfts- oder Firmenwert muss zwischen dem selbst geschaffenen (originären) und dem entgeltlich erworbenen (derivativen) Firmenwert unterschieden werden. Für den originären Firmenwert besteht sowohl nach HGB als auch nach IFRS ein striktes Aktivierungsverbot. Dagegen besteht für den derivativen Firmenwert ein Aktivierungsgebot nach HGB und IFRS.

Den derivativen Geschäfts- oder Firmenwert (Goodwill) können Sie folgendermaßen berechnen:

Goodwill = Kaufpreis – (Zeitwert des Vermögens – Zeitwert der Schulden)

Beispiel: Berechnung des Goodwills

Die ABC AG kauft die XY GmbH für 10 Mio. €. Der Zeitwert des Vermögens der XY GmbH beträgt 12 Mio. € und die Schulden belaufen sich auf 5 Mio. €. Somit ergibt sich ein Goodwill von 3 Mio. €.

Wie wird der Goodwill nach IFRS behandelt?

Der Goodwill wird gemäß IFRS 3 nicht planmäßig abgeschrieben, sondern mindestens einmal jährlich auf Werthaltigkeit getestet. Ist die Werthaltigkeit nicht mehr gegeben, so muss eine Wertminderung vorgenommen werden. Ansonsten kann der Wertansatz gegenüber dem Vorjahr unverändert beibehalten werden. Der Werthaltigkeitstest erfolgt auf der Basis von zahlungsmittelgenerierenden Einheiten (ZGE), denen der Goodwill nachvollziehbar und sachgerecht zugeordnet werden kann. Dabei wird der Buchwert inklusiv dem Goodwill einer ZGE mit dem erzielbaren Betrag (recoverable amount) verglichen. Der erzielbare Betrag einer ZGE ist der höhere der beiden Beträge aus beizulegendem Zeitwert abzüglich Verkaufskosten und dem Nutzungswert. Der Nutzungswert einer ZGE wird durch Diskontierung der zukünftigen Zahlungsströme ermittelt. Wenn der erzielbare Betrag einer ZGE geringer als deren Buchwert inklusiv Goodwill ist, muss zunächst der Goodwill in Höhe dieser Differenz gemindert werden. Bei einer darüber hinausgehenden Wertminderung erfolgt eine anteilige Abschreibung der Vermögenswerte der ZGE unter Beachtung einer Untergrenze. Für den Goodwill besteht ein Zuschreibungsverbot.

> Wertminderungen vom Goodwill dürfen nicht mehr rückgängig gemacht werden, auch wenn eine Wertminderung nicht mehr vorliegt.

Der aktivierte Goodwill wird gemäß IFRS 3 nicht wie nach HGB planmäßig abgeschrieben, sondern er wird mindestens einmal jährlich einem Werthaltigkeitstest unterzogen.

Eine außerplanmäßige Abschreibung gemäß IAS 36.90 müssen Sie vornehmen, wenn folgende Bedingung für eine ZGE erfüllt ist:

Buchwert der ZGE (inkl. Goodwill) > erzielbarer Betrag der ZGE

Beispiel: Impairment-Test für Goodwill

Die Albert-Anton AG hat 2 Niederlassungen, die beide eine ZGE darstellen. In der nachfolgenden Tabelle können Sie die Werte der Assets zum 31.12.01 entnehmen.

Angaben in T€	**ZGE 1**		**ZGE 2**	
Assets	A1	A2	B1	B2
Buchwert	250	750	1.000	2.000
Goodwill	120		480	
Buchwert inkl. Goodwill	1.120		3.480	
beizulegender Zeitwert abzügl. Verkaufskosten	360	300	2.000	1.000
Nutzungswert	300	400	1.500	1.500
erzielbarer Betrag	**360**	**400**	**2.000**	**1.500**
Wertminderungspflicht	ja		nein	

In der ZGE 1 besteht ein Wertminderungsbedarf in Höhe von 360 T€, da der erzielbare Betrag (insgesamt: 760 T€) niedriger als der Buchwert inkl. Goodwill (1.120 T€) ist. Der Goodwill (120 T€) der ZGE 1 wird komplett außerplanmäßig abgeschrieben. Der Restbetrag in Höhe von 240 T€ muss anteilig von den Vermögenswerten A1 und A2 abgeschrieben werden. Berechnung der möglichen Beträge:

A1: (250 T€ : 1.000 T€) x 240 T€ = 60 T€

A2: (750 T€ : 1.000 T€) x 240 T€ = 180 T€

Es darf aber nur auf A2 die Wertminderung in Höhe von 180 T€ verrechnet werden. A1 darf nicht wertgemindert werden, da der Buchwert niedriger als der erzielbare Betrag ist. Der verbleibende Wertminderungsbedarf in Höhe von 60 T€ ist noch bei A2 zu berücksichtigen. A2 ereicht dann einen Restbuchwert von 510 T€, der über dem erzielbaren Betrag von 400 T€ liegt.

Zur Erinnerung: Der erzielbare Betrag (recoverable amount) ist der höhere Wert aus dem beizulegendem Zeitwert abzüglich Veräußerungskosten (fair value less costs to sell) und dem Nutzungswert (value in use). Der Nutzungswert (value in use) ist der Barwert der künftigen Cashflows, der voraussichtlich aus einem Vermögenswert oder einer ZGE abgeleitet werden kann (IAS 36.6).

Die außerplanmäßige Abschreibung bietet aufgrund der Vielzahl von subjektiven Elementen in der Bewertung eines Goodwills erhebliches bilanzpolitisches Gestaltungspotenzial. Sie aber birgt auch eine große Gefahr für die Unternehmen, denn wenn es einem Unternehmen schlecht geht, ist der Goodwill auch meistens nicht mehr werthaltig und führt zu zusätzlichen Abschreibungen, die das Ergebnis verschlechtern.

Im Folgenden sehen Sie, wie der Goodwill unter Berücksichtigung von latenten Steuern ermittelt wird. Das folgende Beispiel zeigt Ihnen, wie Sie vorgehen müssen:

Beispiel: Goodwill und latente Steuern

Ein Unternehmen (AV: 450 T€, IVW: 50 T€, UV: 400 T€, EK: 300 T€, Verbindlichkeiten: 600 T€) wurde für 900 T€ gekauft. Der Unternehmenssteuersatz beträgt 30 %. Zunächst werden die Daten für die Fair-Value-Bilanz des akquirierten Unternehmens ermittelt.

Kaufpreisallokation

	Kosten der Firmenübernahme		900 T€
-	Eigenkapital vor der Akquisition		- 300 T€
=	**Kaufpreisüberschuss (1)**		**= 600 T€**
	Fair Value Anpassung Umlaufvermögen (UV)	- 100 T€	
	Fair Value Anpassung Anlagevermögen (AV)	- 100 T€	
	Fair Value Anpassung immaterielle Vermögenswerte	- 250 T€	

-	Fair Value Anpassung insgesamt	- 450 T€
+	enthaltene latente Steuern (30 % fair value Anpassung)	+ 135 T€
=	**Fair Value Anpassung nach Steuern (2)**	**- 315 T€**
	Verbleibender Goodwill = (1) – (2)	**= 285 T€**

Die Fair Value-Bilanz des akquirierten Unternehmens sieht wie folgt aus:

Aktiva	**Fair Value-Bilanz**		**Passiva**
Umlaufvermögen (UV)	400 + 100	Verbindlichkeiten	600
Anlagevermögen (AV)	450 + 100	latente Steuern	135
immat. Vermögenswerte	50 + 250	Eigenkapital (EK)	900
Goodwill	0 + 285		
	1.635 T€		**1.635 T€**

Die nächste Tabelle gibt Ihnen einen kritischen Überblick über die Goodwillabschreibung nach IFRS mit den damit verbundenen Vor- und Nachteilen.

Vorteile	Nachteile
Es ist ein höherer Gewinnausweis möglich, da es keine planmäßigen Abschreibungen mehr gibt.	Ein Werthaltigkeitstest muss turnusmäßig in mindestens jährlichem Abstand durchgeführt werden.
Der Goodwill kann marktgerechter bewertet werden.	Traditionelle Ergebnisgrößen verlieren an Bedeutung.
Kein Problem mehr mit der Nutzungsdauereinschätzung des Goodwills.	Durch außerplanmäßige Abschreibungen sprunghafte Veränderung des Erfolgsausweises.
Verstärkte Beachtung der immateriellen Vermögenswerte im Rahmen einer Unternehmensakquisition.	Weniger Kontinuität in der Rechnungslegung durch außerplanmäßige Abschreibungen.
Das Management hat eine höhere Verantwortung.	Es besteht eventuell die Möglichkeit den originären Goodwill zu aktivieren.

Folgebewertung bei immateriellen Vermögenswerten

Handelsrechtlich sind Abschreibungen für immaterielle Vermögensgegenstände des Anlagevermögens so zu verrechnen, dass sie planmäßig auf die Nutzungsjahre verteilt werden. Außerplanmäßige Abschreibungen auf den beizulegenden Wert müssen nach HGB bei einer dauerhaften Wertminderung vorgenommen werden. Bei einer vorübergehenden Wertminderung sind außerplanmäßige Abschreibungen nicht erlaubt.

Gemäß IFRS hat die Folgebewertung der immateriellen Vermögenswerte grundsätzlich zu fortgeführten Anschaffungs- oder Herstellungskosten zu erfolgen. In der Regel wird das Anschaffungskostenmodell angewandt.

Es besteht zwar theoretisch auch die Möglichkeit das Neubewertungsmodell anzuwenden, praktisch kommt dieses Verfahren jedoch bei immateriellen Vermögenswerten aufgrund des häufig nicht vorhandenen „aktiven Marktes" nicht in Frage.

Wie immaterielle Vermögenswerte bei IFRS abzuschreiben sind, zeigt Ihnen das folgende Schema.

Abschreibungen von immateriellen Vermögenswerten	
planmäßig	**außerplanmäßig**
Verfahren: i. d. R. lineare Abschreibung über die geschätzte wirtschaftliche Nutzungsdauer (Vertragslaufzeit)	erzielbarer Betrag < Buchwert → Abschreibungspflicht

Sachanlagen (IAS 16)

Materielle Vermögenswerte, die i.d.R. länger als ein Jahr genutzt werden, sind als Sachanlagen (property, plant and equipment) zu aktivieren, wenn es wahrscheinlich ist, dass dem Unternehmen ein zukünftiger Nutzen zufließt und die Kosten verlässlich ermittelt werden können. Die Sachanlagen werden zu Anschaffungs- oder Herstellungskosten, vermindert um planmäßige, nutzungsbedingte Abschreibungen sowie gegebenenfalls außerplanmäßige Wertminderungen, bewertet. Sie umfassen materielle Vermögenswerte, die

- dem Unternehmen zur Herstellung oder Lieferung von Gütern und Dienstleistungen,
- zur Vermietung an Dritte oder
- für Verwaltungszwecke gehalten werden und
- die länger als eine Periode genutzt werden (IAS 16.6).

Zum Vergleich zwischen HGB und IFRS sehen Sie sich bitte die folgende Tabelle an:

Sachanlagen	Property, Plant and Equipment
HGB (§ 266 Abs. 2 HGB)	IFRS (IAS 16.37)
▪ Grundstücke, grundstücksgleiche Rechte und Bauten einschließlich Bauten auf fremden Grundstücken ▪ technische Anlagen und Maschinen ▪ andere Anlagen, Betriebs- und Geschäftsausstattung ▪ geleistete Anzahlungen und Anlagen in Bau	▪ unbebaute Grundstücke ▪ Grundstücke und Gebäude ▪ Maschinen und technische Anlagen ▪ Schiffe ▪ Flugzeuge ▪ Kraftfahrzeuge ▪ Betriebsausstattung und ▪ Büroausstattung

Bewertung von Sachanlagen

Die Bewertungsobergrenze für Sachanlagen bilden nach HGB und auch nach IFRS (bei Anwendung des Anschaffungskostenmodells) grundsätzlich die Anschaffungs- oder Herstellungskosten. Falls bei IFRS das Neubewertungsmodell angewandt wird, kann in der Folgebewertung auch ein höherer Wert als die ursprünglichen Anschaffungs- oder Herstellungskosten angesetzt werden.

Was gehört zu den Anschaffungskosten nach IFRS?

Die Anschaffungskosten nach IFRS setzen sich folgendermaßen zusammen:

	Anschaffungspreis (inkl. Einfuhrzölle)
+	Anschaffungsnebenkosten (nur direkt zurechenbar)
+	nachträgliche Anschaffungskosten
+	Entsorgungs- und Rekultivierungsverpflichtungen in Höhe der gemäß IAS 37 zulässigen Rückstellung
–	Anschaffungspreisminderungen (Rabatte, Skonti etc.)
+	Fremdkapitalzinsen, wenn qualifying asset
=	**aktivierungspflichtige Anschaffungskosten**

Wie unterscheiden sich die Herstellungskosten?

Die folgende Übersicht zeigt Ihnen die Bewertungsunterschiede zwischen HGB und IFRS bei den Herstellungskosten:

	HGB	IFRS
Pflicht	Material- u. Fertigungskosten, Werteverzehr des Anlagevermögens sofern durch die Fertigung veranlasst	Material- u. Fertigungskosten, produktionsbezogene Gemeinkosten, Entwicklungskosten, Fremdkapitalzinsen

Wahlrecht	allgemeine Verwaltungskosten, Aufwendungen für soziale Einrichtungen, freiwillige soziale Leistungen, betriebliche Altersversorgung, Fremdkapitalzinsen	keine
Verbot	Vertriebs- und Forschungskosten	Vertriebs- und Forschungskosten

Beispiel: Herstellungskosten

Der Pizzaofen bei der Pizza & Pasta AG ist schon heute voll ausgelastet und außerdem bereits abgeschrieben, daher entschließt sich die Geschäftsführung, einen neuen Ofen anzuschaffen. Man entscheidet sich für einen neuartigen Großbackofen „Vulkanomat" (Nutzungsdauer = 10 Jahre). Da der Ofen erst in einem Jahr einsatzbereit sein muss, wird er als Bausatz bestellt.

Die am 02.01.01 gelieferten Einzelteile kosten 30.000 €. Die Kosten für die Fertigstellung betragen 5.000 €. Die Material- und Fertigungsgemeinkosten ergeben 13.000 € und die allgemeinen Verwaltungsgemeinkosten machen 3.000 € aus. Für die Anschaffung wird ein Kredit aufgenommen. Die Fremdkapitalzinsen summieren sich bis zur Fertigstellung auf 2.000 €.

Die jährlichen Abschreibungen des Fertigungsbereichs betragen 3.650 €.

Wie setzen sich die Herstellungskosten bei der Bilanzerstellung zum 31.12.01 nach IFRS zusammen?

Ergebnis

Ermittlung der Herstellungskosten nach IFRS	
Materialeinzelkosten	30.000 €
+ Fertigungseinzelkosten	5.000 €
+ Material- und Fertigungsgemeinkosten	13.000 €
+ allgemeine Verwaltungskosten	Verbot
+ Werteverzehr des Anlagevermögens	3.650 €
+ Fremdkapitalzinsen (bis zur Fertigstellung des Ofens)	2.000 €
+ Vertriebskosten	Verbot
= Herstellungskosten	**53.650 €**

Abschreibungen

Die Sachanlagen sind im Rahmen der Folgebewertung planmäßig und eventuell außerplanmäßig abzuschreiben. Die Höhe der Abschreibung einer Periode wird – neben den Anschaffungskosten – im Wesentlichen von den Abschreibungsverfahren und der Nutzungsdauer bestimmt.

Gemäß § 253 Abs. 3 HGB sind die abnutzbaren Gegenstände über ihre voraussichtliche Nutzungsdauer planmäßig abzuschreiben. In der Praxis werden hierfür i.d.R. die steuerlich vorgegebenen AfA-Tabellen benützt. Gegenstände, deren Nutzung nicht zeitlich beschränkt ist (Grundstücke, geleistete Anzahlungen und Anlagen im Bau), unterliegen keiner planmäßigen Abschreibung.

> Bei IFRS erfolgt die Abschreibung entsprechend der erwarteten wirtschaftlichen Nutzungsdauer, die unternehmensindividuell geschätzt wird.

Nutzungsdauer und Abschreibungsmethode sind nach IFRS periodisch zu überprüfen und gegebenenfalls anzupassen. Die gewählte Abschreibungsmethode soll dem erwarteten Nutzungsverlauf entsprechen (IAS 16.60). Es sind die lineare, die degressive oder die leistungsabhängige Abschreibung zulässig (IAS 16.62).

Wenn Sie vom HGB-Abschluss auf den IFRS-Abschluss umstellen, können, z. B. aufgrund eines Wechsels von der degressiven Abschreibung (HGB) auf die lineare Abschreibung mit der neu geschätzten Nutzungsdauer (IFRS), erhebliche Mehrvermögen in der IFRS-Bilanz entstehen.

Nach IAS 16 ist zwar eine Sofortabschreibung von geringwertigen Vermögenswerten nicht explizit erwähnt, aber sie kann aufgrund des im Framework erwähnten Wesentlichkeitsgrundsatzes (materiality) vorgenommen werden.

Folgende Abschreibungsmethoden können Sie anwenden:

Planmäßige Abschreibungen	
HGB	**IFRS**
lineare Abschreibung	straight-line method
geometrisch-degressive Abschreibung	diminishing balance method
arithmetisch-degressive AfA	-
Leistungsabschreibung	units of production method

Außerplanmäßige Abschreibungen

Falls der nach IAS 36 durchzuführende Werthaltigkeitstest (impairment test) ergibt, dass der erzielbare Betrag (recoverable amount) unter dem Restbuchwert liegt, ist eine außerplanmäßige Abschreibung vorgeschrieben.

Wann erfolgen Zuschreibungen?

Die Gründe, die für eine außerplanmäßige Abschreibung maßgeblich waren, können im Nachhinein wieder entfallen. Es kann eine Wertsteigerung stattfinden – eine so genannte Wertaufholung. Die Wertaufholungspflicht besteht sowohl nach HGB als auch nach IFRS. Die Zuschreibungspflicht nach IFRS kann entweder mit dem Anschaffungskostenmodell oder mit dem Neubewertungsmodell erfüllt werden. Wenden Sie das Anschaffungskostenmodell an, entsprechen die Voraussetzungen für eine Zuschreibung denen nach HGB.

Danach besteht beim *Anschaffungskostenmodell* eine Zuschreibungspflicht

- nur nach vorheriger außerplanmäßiger Abschreibung und
- wenn der erzielbare Betrag (recoverable amount) höher als der aktuelle Buchwert ist.

Die Zuschreibung darf maximal bis zu den fortgeführten Anschaffungskosten (ohne Berücksichtigung der außerplanmäßigen Wertminderung) erfolgen oder bis zur Höhe des erzielbaren Betrags, wenn dieser niedriger ist als die fortgeführten Anschaffungskosten.

Eine Zuschreibung beim Anschaffungskostenmodell darf maximal in Höhe der gebuchten Wertminderung erfolgen.

Beispiel: Folgebewertung

Im Januar 01 hat die Pizza & Pasta AG am Anfang des Jahres eine Nudelmaschine zu Anschaffungskosten von 100.000 € erworben, um den gestiegenen Bedarf an Nudelgerichten zu decken. Die Nudelmaschine wird linear über eine geschätzte Nutzungsdauer von 10 Jahren abgeschrieben.

Der Trend zur gesundheitsbewussten Ernährung führt im Geschäftsjahr 04 dazu, dass die Nachfrage nach italienischen Nudelgerichten rapide sinkt, während sich asiatische Fast Food Ketten neuerdings vor Gästen kaum retten können. Der Wert der Nudelmaschine fällt daher auf 40.000 €. Im Geschäftsjahr 05 hat sich der Geschmack der Bürger wieder gewandelt und die Nachfrage nach italienischen Nudelgerichten ist sprunghaft gewachsen. Der Marktwert der Nudelmaschine steigt auf 120.000 €.

Buchhalter Toni soll die Bilanz der Pizza & Pasta AG für das Geschäftsjahr 04 erstellen. Er ist sich dabei nicht sicher, ob es sich bei dem Umschwung von Nudelgerichten auf asiatisches Fast Food nur um einen vorübergehenden Geschmackswechsel handelt.

Toni erstellt den Jahresabschluss nach den Rechnungslegungssystemen HGB und IFRS. Mit welchem Wert muss er die Nudelmaschine 31.12.04 ansetzen?

Lösung

Abschreibungsbetrag: 100.000 € : 10 Jahre = 10.000 € p. a.

31.12.01: 100.000 € – 10.000 € = 90.000 €

31.12.02: 90.000 € – 10.000 € = 80.000 €

31.12.03: 80.000 € – 10.000 € = 70.000 €

31.12.04: außerplanmäßige Abschreibung auf 40.000 €?

HGB	IFRS
keine dauernde Wertminderung, daher Verbot außerplanmäßig abzuschreiben (§ 253 Abs. 3 HGB)	außerplanmäßige Abschreibung auf den erzielbaren Betrag. Abschreibungspflicht unabhängig von der Dauer der Wertminderung
70.000 € – 10.000 € = 60.000 €	außerplanmäßige Abschreibung auf 40.000 €

Anmerkungen

Der Grund für die außerplanmäßige Abschreibung sind: „sinkende Absatzzahlen der Produkte einer Spezialmaschine".

Erzielbarer Betrag (= recoverable amount, höherer Wert aus beizulegendem Zeitwert abzüglich Verkaufskosten und Nutzungswert, hier einheitlich 40.000 €)

Beizulegender Zeitwert (= Einzelveräußerungspreis, vom Absatzmarkt hergeleitet hier 40.000 €)

Mit welchem Wert muss Toni die Nudelmaschine im Geschäftsjahr 05 ansetzen?

HGB	IFRS
Keine Zuschreibung, da vorher keine außerplanmäßige, sondern nur planmäßige Abschreibungen erfolgten.	**Anschaffungskostenmodell:** Zuschreibungspflicht: max. bis zu den fortgeführten Anschaffungskosten
60.000 € – 10.000 € = 50.000 €	Zuschreibung auf 50.000 €

Im Rahmen des **Neubewertungsmodells** (Bewertung mit dem beizulegenden Zeitwert) können Sie Zuschreibungen über den Buchwert vornehmen, auch wenn keine vorhergehende außerplanmäßige Abschreibung erfolgt ist. Es findet eine Neubewertung der Sachanlagen statt.

Entscheiden Sie sich für das Neubewertungsmodell, müssen Sie regelmäßig Neubewertungen vornehmen. Bei geringfügigen Wertschwankungen reicht eine Überprüfung alle drei bis fünf Jahre.

Das Neubewertungsmodell darf nicht auf einzelne Posten der Sachanlagen beschränkt werden, sondern muss eine gesamte Gruppe, wie z. B. sämtliche Maschinen, Gebäude oder Fahrzeuge umfassen.

Ist bei einer Neubewertung der beizulegende Zeitwert (fair value) höher als der Buchwert, muss dieser angesetzt werden.

Zuschreibungen beim Neubewertungsmodell erfolgen jedoch nicht über die GuV-Rechnung, sondern direkt über eine spezielle Rücklage im Eigenkapital, die als Neubewertungsrücklage (revaluation surplus) bezeichnet wird. Dadurch ergibt sich kein Ertrag, die Zuschreibung ist erfolgsneutral.

Beispiel: Neubewertungsmodell

Ein Gebäude wurde am Anfang des Geschäftsjahres 01 für 5 Mio. € gekauft. Die Nutzungsdauer des Gebäudes beträgt 50 Jahre. Am Ende des Geschäftsjahres 04 betragen die fortgeführten Anschaffungskosten 4,6 Mio. €. Ein Immobiliengutachten weist am Ende des Geschäftsjahres 04 einen Marktwert des Gebäudes von 5,5 Mio. € aus. Der Buchwert ist nach dem Neubewertungsmodell um 0,9 Mio. € (5,5 Mio. € - 4,6 Mio. €) zu erhöhen.

Bei dem Neubewertungsmodell werden die planmäßigen Abschreibungen bei der abnutzbaren Sachanlage auf der Basis des beizulegenden Zeitwerts ermittelt. Gemäß IAS 16.41 darf die Neubewertungsrücklage wahlweise beibehalten oder teilweise aufgelöst werden. Bei einer teilweisen Auflösung darf die Neubewertungsrücklage über die Nutzungsdauer in Höhe der Differenz zwischen der Abschreibung des Neubewertungsbetrages und der fiktiven Abschreibung auf Basis der fortgeführten historischen Anschaffungs- oder Herstellungskosten ergebnisneutral in die Gewinnrücklage eingestellt werden. Die Neubewertungsrücklage ist direkt und erfolgsneutral gegen die Gewinnrücklagen aufzulösen, wenn der darin enthaltene Betrag realisiert wurde.

> Nach IFRS haben Sie die Möglichkeit, die Nutzungsdauer der Vermögenswerte neu zu bestimmen, d. h. die Abschreibungsdauer der tatsächlichen wirtschaftlichen Nutzung anzupassen.

Dies bedeutet, dass Sie sich zwar an den steuerlichen AfA-Tabellen orientieren können, diese aber nicht anwenden müssen. In der Regel wird dies dazu führen, dass sich die Nutzungsdauer verlängert und sich somit der Vermögensausweis erhöht.

Insofern räumt Ihnen das Neubewertungsmodell (revaluation model) einen bilanzpolitischen Spielraum ein.

Komponentenansatz bei Sachanlagen

Komplexe Sachanlagen werden in ihre Bestandteile unterteilt, wenn einzelne Komponenten einen erheblichen Anteil an den Gesamtkosten haben und ihre Nutzungsdauer differiert (ergibt sich aus IAS 16.13 und 16.43). Bei dem Komponentenansatz ist bei der Folgebewertung nach dem Anschaffungskostenmodell folgendes zu beachten:

- getrennte Abschreibung jeder einzelnen Komponente einer Sachanlage, wenn die Komponenten einen wesentlichen Teil der Anschaffungs- oder Herstellungskosten ausmachen,
- Abschreibung nach den Nutzungsdauern der einzelnen Komponenten,
- bei Austausch (Modernisierung) erfolgt Ausbuchung der Altsubstanz und Aktivierung der Kosten der Ersatzkomponente.

Beispiel: Komponentenansatz

Die Airline AG kauft am 01.01.00 ein Mittelstreckenflugzeug mit Anschaffungskosten von 30 Mio. €. Die Anschaffungskosten der Flugzeugkomponenten setzen sich wie folgt zusammen: Flugzeughülle: 12 Mio. €, Turbinen: 6 Mio. €, Steuerung: 4 Mio. €, Bordküche und Businessbereich: 1 Mio. €; Sitze und Innenausstattung: 2 Mio. €; Rest: 5 Mio. €. Die Flugzeughülle ist alle 30 Jahre zu ersetzen, die Steuerung alle 5 Jahre, die Turbinen alle 15 Jahre, die Sitze und die Innenausstattung alle 10 Jahre, die Bordküche und der Businessbereich alle 8 Jahre, der Rest kann ohne Modernisierungsmaßnahmen 30 Jahre genutzt werden.

Am 31.12.00 werden folgende Restbuchwerte ausgewiesen: Flugzeughülle: 11,6 Mio. €, Turbinen: 5,6 Mio. €, Steuerung: 3,2 Mio. €, Bordküche und Businessbereich: 0,875 Mio. €, Sitze und Innenausstattung: 1,8 Mio. €, Rest: 4,83 Mio. €. Der fortgeführte Buchwert der einzelnen Komponenten beträgt 27,905 Mio. €. Ohne die Bewertung mit der Komponentenbetrachtung würde sich der Restbuchwert auf (30 Mio. € : 30 x 29 =) 29 Mio. € belaufen.

Ende Dezember 02 kommt es aufgrund eines Kabelbrandes zum Totalausfall der gesamten Steuerung. Der Restbuchwert der

Steuerung zum 31.12.02 beträgt 1,6 Mio. €. Aufgrund dieses Vorkommnisses ist die alte Steuerung gemäß IAS 16.67 auszubuchen. Der Buchungssatz lautet:

außerplanmäßige Abschreibung	1,60	an	Steuerung	1,60

Die neue Steuerung kostet 5 Mio. € zzgl. 19 % MwSt. und wird sofort per Banküberweisung bezahlt und über 5 Jahre abgeschrieben. Buchungssatz:

Steuerung Vorsteuer	5,00 0,95	an	Bank	5,95

Ohne den Komponentenansatz wären die 5 Mio. € sofort als Erhaltungsaufwand zu buchen, falls die neue Steuerung den Zustand des Flugzeugs nicht über das ursprüngliche Niveau verbessert.

Zur Veräußerung gehaltene langfristige Vermögenswerte (IFRS 5)

In der Bilanz erfolgt ein gesonderter Ausweis als eigene Kategorie innerhalb der kurzfristigen Vermögenswerte. Die Wertänderungen sind innerhalb des weiterzuführenden Bereichs auszuweisen, es sei denn, die Vermögenswerte sind Teil eines aufgegebenen Geschäftsbereichs.

Bewertung von Sachanlagen bei Verkaufsabsicht

Erstbewertung nach der Umklassifizierung

- Ermittlung des Buchwertes nach bisherigen Standards unmittelbar vor der Klassifizierung als zur Veräußerung gehalten

- Bewertung zum niedrigeren Wert aus Buchwert und beizulegendem Zeitwert abzüglich Veräußerungskosten

Folgebewertung

- Es gibt keine planmäßigen Abschreibungen mehr.
- Auftretende Wertverluste sind als Wertminderungsaufwand zu erfassen.
- Werterhöhungen sind maximal bis in Höhe der zuvor erfassten Wertminderungen nach IAS 36 oder IFRS 5 zu erfassen (IFRS 5.15-19).
- Eine Höherbewertung zum beizulegenden Zeitwert ist nicht möglich.

Die planmäßige Abschreibung eines Vermögenswertes endet an dem Tag, an dem der Vermögenswert gemäß IFRS 5 als zur Veräußerung klassifiziert wird.

Als Finanzinvestition gehaltene Immobilien – Investment Property (IAS 40)

Hier handelt es sich um Grundstücke und Gebäude, die weder für die Produktion, Verwaltung oder Versorgung mit Gütern oder Verkauf benutzt werden, sondern zur Vermietung oder zum Zwecke der Wertsteigerung gehalten und nicht

- zur Herstellung oder Lieferung von Gütern bzw. zur Erbringung von Dienstleistungen oder zu Verwaltungszwecken verwendet werden oder
- zum Verkauf im Rahmen der gewöhnlichen Geschäftstätigkeit bestimmt sind.

Beispiele: Wann sind Immobilien eine Finanzinvestition?

Als Finanzinvestition gehaltene Immobilien sind:

- Grundstücke, die langfristig zum Zweck der Wertsteigerung gehalten werden.
- Grundstücke, die für eine gegenwärtig unbekannte künftige Nutzung gehalten werden (Vermutung: Wertsteigerung).
- Gebäude, die zur Vermietung bzw. als Operating Leasing gehalten werden.
- Leer stehende Gebäude, die zur Vermietung gehalten werden.

Nicht als Finanzinvestition gehaltene Immobilien sind:

- zum Verkauf vorgesehene Immobilien (Vorräte).
- Fertigungsaufträge.
- Selbst genutzte oder zur Selbstnutzung bestimmte Immobilien sowie von Arbeitnehmern genutzte Immobilien.
- Immobilien, die im Rahmen des Finanzierungsleasings an andere Unternehmen vermietet wurden.

Die Folgebewertung der „Investment Property" kann nach dem Anschaffungskostenmodell oder nach dem Fair Value-Modell erfolgen. Beim Fair Value-Modell sind die Wertänderungen zwingend erfolgswirksam, d.h. im Gewinn oder Verlust zu erfassen. Die folgende Abbildung zeigt Ihnen die Vorgehensweise bei der Folgebewertung:

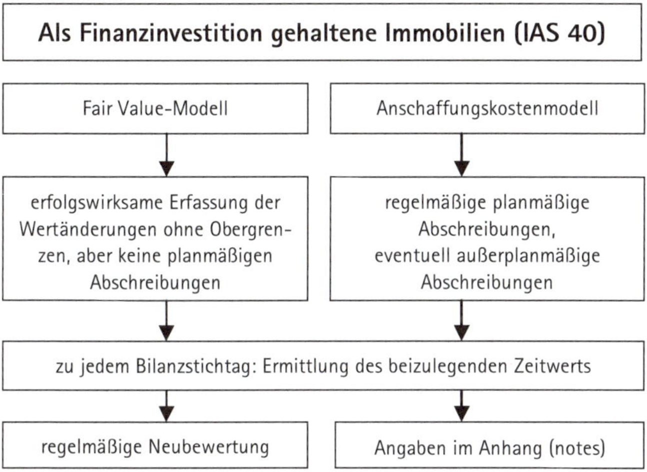

Vorräte und Fertigungsaufträge

Der Aktivposten Vorräte ist besonders für produzierende Unternehmen wichtig und bildet bei ihnen in der Regel einen großen Posten innerhalb des Umlaufvermögens.

> Über die Verarbeitung und den Verkauf der Vorräte werden die Bilanz und die GuV – vor allem von produzierenden Unternehmen – erheblich berührt, so dass der Bewertung von Vorräten eine sehr hohe Bedeutung zukommt.

Ansatz von Vorräten

Vorräte im Sinne des IAS 2.6 sind Vermögenswerte, die

- zum Verkauf im normalen Geschäftsbetrieb gehalten werden,
- sich in der Herstellung für einen Verkauf befinden oder

- als Roh-, Hilfs- und Betriebsstoffe für den Verbrauch (i. d. R. Herstellung oder Erbringung von Dienstleistungen) bestimmt sind.

Nach den IFRS-Regelungen besteht im Gegensatz zum deutschen Handelsrecht ein generelles Saldierungsverbot. Es ist verboten, erhaltenen Anzahlungen mit dem Vorratsvermögen zu saldieren.

Wie werden die Vorräte nach IFRS bewertet?

Die Vorräte werden zu ihren Anschaffungs- oder Herstellungskosten (historical costs) oder dem niedrigeren Nettoveräußerungswert bewertet (IAS 2.9).

> Die Vorräte dürfen maximal zu den historischen Anschaffungs- oder Herstellungskosten angesetzt werden = Wertobergrenze (IAS 2.9)

Die Herstellungskosten müssen Sie stets auf der Vollkostenbasis ermitteln. Sie umfassen neben dem Fertigungsmaterial und den Fertigungslöhnen die anteiligen Material- und Fertigungsgemeinkosten. Des Weiteren sind die Aufwendungen der Verwaltung und des sozialen Bereichs bei den Herstellungskosten zu berücksichtigen, soweit sie der Produktion zuzurechnen sind. Fremdkapitalzinsen sind nur dann anzusetzen, wenn es sich um einen qualifizierten Vermögenswert handelt.

Die Vorräte sind gemäß IAS 2.9 zum Nettoveräußerungswert (net realisable value) zu bilanzieren, wenn dieser unter den Anschaffungs- oder Herstellungskosten liegt. Der Nettoveräußerungswert entspricht dem zu erwartenden Verkaufspreis abzüglich der noch ausstehenden Fertigstellungskosten und der Vertriebskosten (IAS 2.7). Auch hier gilt das Niederstwertprinzip, allerdings richtet es sich hier nur nach dem Absatzmarkt. Eine Abwertung der Vorräte müssen Sie nach IFRS nur bei absatzbezogenen Wertminderungen vornehmen.

Beispiel: Bewertungsverfahren für Vorräte nach IFRS

Die Herstellungskosten einer Segeljolle betragen 4.000 € zum Bilanzstichtag 31.12.01. Die Auslieferung erfolgt im März 02, wodurch weitere Aufwendungen für Transport und Versicherung von 350 € anfallen. Der im Kaufvertrag fest vereinbarte Verkaufspreis beträgt im Fall a) 4.400 € und im Fall b) 4.100 €. Wie ist die Segeljolle am 31.12.01 zu bewerten?

a) Zu Herstellungskosten von 4.000 €, da der Nettoveräußerungswert mit 4.050 € höher als die Herstellungskosten ist, so dass die Bewertung mit 4.000 € erfolgt.

b) Zum Nettoveräußerungswert von 3.750 €, da der Nettoveräußerungswert unter den Herstellungskosten liegt. In diesem Fall besteht eine Abschreibungspflicht.

Beispiel: Bewertung des Vorratsvermögens

Für die Bewertung des Vorratsvermögens nach IFRS zum 31.12.01 liegen folgende Informationen vor:

	aktivierte Herstellungskosten	kalkulierter Verkaufspreis	noch anfallende	
			Herstellungskosten	Vertriebskosten
Fertigerz. A	250	290	0	20
unfertiges Erz. X	170	160	10	10
unfertiges Erz. Y	220	310	40	10
unfertiges Erz. Z	90	105	20	5

Für die Bewertung des Vorratsvermögens nach dem Niederstwertprinzip werden die relevanten Vergleichswerte zu den Herstellungskosten sowie die Höhe einer eventuell erforderlichen Abschreibung ermittelt.

	aktivierte Herstellungskosten	relevanter Vergleichswert	Abschreibungen	Bilanzansatz
Fertigerz. A	250	270	0	250
unfertiges Erz. X	170	140	30	140
unfertiges Erz. Y	220	260	0	220
unfertiges Erz. Z	90	80	10	80

Bewertungsvereinfachungsverfahren

Es gilt der Grundsatz der Einzelbewertung, jedoch sind folgende Bewertungsvereinfachungsverfahren zulässig:

Bewertungsvereinfachungsverfahren nach IFRS

- Durchschnittsmethode
- Fifo-Methode
- Festwert
- Sonstige Methoden: Standardkostenmethode, Retrograde Methode

Da die Einzelbewertung oft sehr aufwendig ist, dürfen Sie auch Bewertungsvereinfachungsverfahren wie z. B. die gewogene Durchschnittsmethode (weight average cost formula) oder die Fifo-Methode anwenden (IAS 2.25). Diese beiden Verfahren werden in der Praxis sehr häufig benutzt. Die Lifo-Methode ist nach IFRS nicht zulässig, aber im Steuerrecht erlaubt.

Die Standardkostenmethode oder die retrograde Methode können Sie vereinfachend zur Bemessung der Anschaffungs- oder Herstellungskosten anwenden, wenn die Ergebnisse den tatsächlichen Anschaffungs- oder Herstellungskosten nahe kommen. Die Standardkosten werden auf Basis der Normalbeschäftigung ermittelt.

Obwohl in den IFRS nicht explizit erwähnt, wird eine Übernahme von den nach HGB gebildeten Festwerten im IFRS-Abschluss für zulässig gehalten, da die mit dem Festwert bewerteten Vermögenswerte für das Unternehmen von nachrangiger Bedeutung sind und i.d.R. eine Annäherung an den tatsächlichen Wert darstellen.

> Für die Bewertung des Vorratsvermögens gilt auch nach IFRS das Niederstwertprinzip. Im Vergleich zum HGB werden die Anschaffungs- oder Herstellungskosten nur mit den Absatzmarktpreisen, nicht aber mit den Beschaffungsmarktpreisen verglichen. Als Maßstab dienen einzelvertraglich vereinbarte oder marktbestimmte Nettoveräußerungswerte.

Abschreibungen und Zuschreibungen nach IFRS

In den IFRS finden sich keine Regelungen zu steuerrechtlichen Abschreibungen. Wenn die Beschaffungspreise für RHB-Stoffe sinken, führt das z. B. nicht unbedingt zu einer außerplanmäßigen Abschreibung der Buchwerte auf einen niedrigeren Wert, solange die Endprodukte weiterhin ohne Verlust veräußerbar sind.

Sinkt jedoch der Verkaufspreis der hergestellten Produkte, so dass dadurch ein Verlust entsteht, muss eine außerplanmäßige Abschreibung auf den niedrigeren beizulegenden Wert durchgeführt werden. Um diesen Wert zu ermitteln, ist auch für die RHB-Stoffe grundsätzlich der Nettoveräußerungswert (net realizable value) relevant.

> Der Nettoveräußerungswert stellt den geschätzten, im normalen Geschäftsgang erzielbaren Verkaufserlös abzüglich aller geschätzten Kosten bis zur Fertigstellung und der geschätzten Kosten für Marketing, Verkauf und Vertrieb dar.

Die nächste Abbildung zeigt Ihnen die Vorgehensweise bei der Folgebewertung der Vorräte nach IFRS.

Folgebewertung der Vorräte (IAS 2)

Abschreibung

auf Nettoveräußerungswert, falls dieser niedriger ist als der Buchwert (IAS 2.9)

Vorgehensweise:

- Schätzen des im normalen Geschäftsgang erzielbarer Verkaufserlös
- abzüglich noch anfallender geschätzter Kosten für die Fertigstellung
- abzüglich noch anfallender geschätzter Kosten für den Vertrieb

Zuschreibung

nur falls der Nettoveräußerungswert wieder gestiegen ist (IAS 2.33)

Vorgehensweise:

- Überprüfung in jeder Folgeperiode, ob der Grund für die Wertminderung entfallen ist
- Zuschreibungspflicht auf Nettoveräußerungswert, aber maximal bis auf Anschaffungs- oder Herstellungskosten

Beispiel: Bewertung anhand von Wiederbeschaffungswerten

Die Herstellungskosten einer Segeljolle betragen am 31.12.01 4.000 €. Darin enthalten sind zwei Einheiten eines Rohstoffes, dessen Anschaffungskosten pro Stück 500 € betrugen. Die übrigen Fertigungskosten betrugen 3.000 €. Voraussichtlich wird die Jolle im März 02 für 4.500 € verkauft. Der Absatzpreis wird für konstant gehalten. Im Lager sind noch 20 Einheiten des Rohstoffes.

Der Rohstoff wird mit 500 €/St., also insgesamt 10.000 € bewertet. Die Herstellungskosten betragen 4.000 € und sind niedriger als der Absatzpreis von 4.500 €. Somit entsteht kein Verlust. Falls der Wiederbeschaffungswert des Rohstoffs (z. B. 350 €/St.) unter den Anschaffungskosten liegen würde, wäre im Vergleich zu HGB keine Abwertung vorzunehmen. Hier besteht ein Abschreibungsverbot.

Wenn aber mit den gesunkenen Wiederbeschaffungswerten ebenfalls verminderte Absatzpreise erwartet werden, ist eine

Abschreibung notwendig. Würde der Preis des Produktes auf 3.500 € sinken, müssten auch die Rohstoffe auf die gesunkenen Wiederbeschaffungswerte (350 €/St.) abgewertet werden.

Falls die Gründe für die Abwertung entfallen, muss eine Zuschreibung erfolgen und zwar bis zum wieder gestiegenen Wiederbeschaffungswert bzw. dem niedrigeren Nettoveräußerungswert (IAS 2.33). Die Zuschreibung darf die fiktiven fortgeführten Anschaffungs- oder Herstellungskosten nicht überschreiten.

Die Wertmaßstäbe für den beizulegenden Wert werden nach HGB und IFRS unterschiedlich ermittelt. Während sich beim deutschen Handelsrecht die Wertermittlung des beizulegenden Wertes sowohl am Beschaffungsmarkt als auch am Absatzmarkt orientiert, ist für die Ermittlung nach IFRS ausschließlich der Absatzmarkt maßgeblich.

Bewertungsunterschiede zwischen HGB und IFRS im Überblick:

HGB	IFRS
Obergrenze: Anschaffungs- oder Herstellungskosten	Obergrenze: Anschaffungs- oder Herstellungskosten
Keine Kapitalkosten in den Anschaffungskosten	Fremdkapitalkosten in den Anschaffungskosten
Herstellungskosten: Wahlrechte bei Verwaltungskosten, Fremdkapitalzinsen, Entwicklungskosten, soziale Gemeinkosten	Herstellungskosten: Vollkostenbewertung und Einbeziehung der produktionsbezogenen Gemeinkosten
Strenges Niederstwertprinzip	Lower of cost or net realizable value
Wertaufholungsgebot	Wertaufholungsgebot
Lifo-, Fifo-Methode, Durchschnittsmethode	Fifo-Methode, Durchschnittsmethode
Festbewertung	(evtl.) Festbewertung

Sonderfall: Fertigungsaufträge (IAS 11)

Ein Spezialfall der Vorratsbewertung ist die Bewertung von Fertigungsaufträgen. Gemäß IAS 11.3ff ist ein Fertigungsauftrag ein Vertrag über eine kundenspezifische Fertigung.

Fertigungsaufträge sind dadurch gekennzeichnet, dass ihre Fertigstellung einen längeren Zeitraum in Anspruch nimmt. Während der Bauphase liegt mindestens ein Bilanzstichtag. Sie liegen dann vor, wenn einzelne Gegenstände (z.B. Brücke, Pipeline, Straße, Schiff oder Tunnel) gebaut oder eine Anzahl von Gegenständen (z.B. Kraftwerke, Raffinerien oder Entwicklung spezieller Softwarelösungen), die sich hinsichtlich Design, Technologie, Funktion oder Verwendung aufeinander abgestimmt oder voneinander abhängig sind.

Ergänzende Vertragsinhalte eines Fertigungsauftrags:

- Erbringung von Dienstleistungen im Zusammenhang mit der Fertigung eines Vermögenswertes (z. B.: Dienstleistungen von Architekten, Projektleitern)
- Abriss oder Restaurierung von Vermögenswerten sowie die Wiederherstellung der Umwelt nach dem Abriss eines Vermögenswertes.

Es besteht für die Fertigungsaufträge eine Ansatzpflicht in den Rechnungslegungssystemen nach HGB und IFRS. Es gibt allerdings gravierende Unterschiede bei der Bewertung von Fertigungsaufträgen, die zum Bilanzstichtag noch nicht abgeschlossen sind (stichtagsübergreifend), nämlich in Bezug auf eine Teilgewinnrealisierung.

Regelung nach HGB

Im HGB sind zwar keine Vorschriften über langfristige Fertigungsaufträge enthalten. Jedoch besagt das Realisationsprinzip, dass Gewinne nicht vorzeitig sondern grundsätzlich erst dann ausgewiesen werden dürfen, wenn sie durch Umsatz tatsächlich realisiert worden sind.

Dem deutschen Bilanzrecht entspricht daher die *„completed-contract-method"*, d. h. der Gewinnausweis nach Fertigstellung und Auftragsabnahme. Dies hat zur Folge, dass die in Herstellung befindlichen Projekte mit den bisher angefallenen Herstellungskosten aktiviert werden und erst im Jahr der Abnahme des Projektes der komplette Auftragsgewinn erfolgswirksam vereinnahmt wird.

Unter bestimmten Bedingungen (z. B. bei Teilabrechnung eines Auftrags) sind Ausnahmen möglich, auch bei einer langfristigen Auftragsfertigung eine Teilgewinnrealisierung durchzuführen.

Regelung nach IFRS

Beim Auftragnehmer unterliegen Fertigungsaufträge den Bilanzierungsregeln des IAS 11. Von besonderer Bedeutung ist dabei der Zeitpunkt der Gewinnrealisierung. Kann das Ergebnis eines Fertigungsauftrages verlässlich geschätzt werden, sind die Auftragserlöse und Auftragskosten entsprechend dem Leistungsfortschritt am Bilanzstichtag als Erträge und Aufwendungen zu erfassen.

Das Verfahren wird als *„percentage-of-completion-method"* (poc-Methode) bezeichnet. Hierbei müssen Sie grundsätzlich den Gewinn nach dem Fertigstellungsgrad ausweisen.

Im Ergebnis werden Umsatzerlöse und anteilige Gewinne den anfallenden Kosten periodengerecht (accrual basis) zugeordnet. Das Vorsichtsprinzip tritt zurück und das Realisationsprinzip ist milder. Dieser Weg wird international praktiziert.

Voraussetzungen für percentage-of-completion-method

Wenn Sie die percentage-of-completion-method anwenden, müssen verschiedene Voraussetzungen erfüllt sein. Dazu gehören z. B. ein zuverlässiges Projektcontrolling sowie bei einem *Festpreisvertrag* folgende Kriterien, die gemäß IAS 11.23 kumulativ erfüllt werden müssen:

- verlässliche Bestimmbarkeit der Gesamterlöse,
- verlässliche Ermittelbarkeit der noch anfallenden Kosten und des Fertigstellungsgrads,
- Wahrscheinlichkeit des Zuflusses des wirtschaftlichen Nutzens aus dem Auftrag,
- verlässliche Bestimmbarkeit der dem Auftrag zurechenbaren Kosten, so dass die bereits angefallenen Kosten mit früheren Schätzungen verglichen werden können.

Bei *Kostenzuschlagsverträgen* müssen folgende zwei Bedingungen gemäß IAS 11.24 erfüllt sind:

- Wahrscheinlichkeit des Zuflusses des wirtschaftlichen Nutzens aus dem Auftrag und

- die dem Vertrag zurechenbaren Auftragskosten können eindeutig bestimmt und verlässlich bewertet werden, unabhängig von den Regelungen ihrer Abrechenbarkeit.

Ermittlung des Fertigstellungsgrades

Der Fertigstellungsgrad kann nach mehreren Methoden ermittelt werden. Meistens wird die inputorientierte Kostenvergleichsmethode (cost-to-cost method) eingesetzt, bei der das Verhältnis aus allen tatsächlichen angefallenen Auftragskosten und den geschätzten Gesamtkosten des Projektes errechnet wird.

Sie können den Fertigstellungsgrad (FSG) folgendermaßen ermitteln:

$$\text{FSG} = \frac{\text{kumulierte Auftragskosten}}{\text{geschätzte Gesamtauftragskosten}}$$

Mithilfe der Kostenvergleichsmethode wird der Gesamterfolg auf die Perioden der Fertigungsdauer verteilt. In die Gesamtkosten kommen sämtliche Einzel- und Gemeinkosten, die mit dem Projekt in Verbindung stehen. Allgemeine Verwaltungskosten und Forschungskosten dürfen nicht berücksichtigt werden.

> Erwartete Verluste aus einem Fertigungsauftrag sind sofort aufwandswirksam zu erfassen (IAS 11.36f.).

Beispiel: Bewertung eines Fertigungsauftrags

Die Südwest-Yachtbau GmbH beginnt am 01.01.01 mit dem Bau einer neuen Segeljacht, die im Dezember 02 ausgeliefert werden soll. Die geplanten Gesamtaufwendungen sind mit 4 Mio. € veranschlagt, der vereinbarte Festpreis beträgt 4,5 Mio. €. Mit der Abnahme der Jacht entsteht der Vergütungsanspruch, voraussichtlich im Dezember 02. Die Fertigstellung geht kontinuierlich voran, so dass die Aufwendungen gleichmäßig anfallen. Somit ergeben sich folgende Gewinnwirkungen.

Bewertung nach HGB: „completed-contract-method"

In 01 hat man Aufwendungen von 2 Mio. €, die als Herstellungskosten von 2 Mio. € aktiviert werden. Somit entsteht kein Gewinn. In 02 hat man wieder Aufwendungen von 2 Mio. € und Bestandsverminderungen von 2 Mio. € aber Erträge von 4,5 Mio. €. Somit ergibt sich dann ein Gewinn von 0,5 Mio. €.

In 01 wird kein Gewinn ausgewiesen, obwohl der Bau der Jacht kontinuierlich voranschreitet. Eigentlich hätte man schon Erträge von 2,25 Mio. € erwirtschaftet und damit auch einen Gewinn von 250.000 € ausweisen können. Bei dieser Methode wird der Gewinn aber erst dann ausgewiesen, wenn der Anspruch sicher besteht.

Bewertung nach IFRS: "percentage-of-completion-method"

Bei dieser POC-Methode wird der Erfolg periodengerecht ausgewiesen. In diesem Fall wäre das in 01 ein Ertrag von 2,25 Mio. € und Aufwendungen von 2 Mio. €, somit ergibt sich ein Gewinn von 250.000 €. In 02 kommen dann die restlichen Erträge von 2,25 Mio. € sowie die restlichen Aufwendungen von 2 Mio. € dazu, so dass wieder ein Gesamtgewinn von 500.000 € entsteht. Dies ergibt eine Gesamtforderung aus Lieferung und Leistung von 4,5 Mio. €, dem Aufwendungen von 4 Mio. € gegenüberstehen.

Beispiel: Ergänzung des Beispiels zu IFRS

Es gelten die Daten des vorhergehenden Beispiels. Ende 01 fallen 0,2 Mio. € Mehraufwendungen als geplant an. Für 02 kann darüber noch nichts gesagt werden. Der Gesamtgewinn sinkt auf 300.000 €.

Nach der cost-to-cost Methode beträgt der Fertigstellungsgrad 52,38 %, da die tatsächlichen Aufwendungen in Relation zu den geplanten Gesamtaufwendungen zu sehen sind (2,2 Mio. € : 4,2 Mio. €). Der Gewinn für 01 beläuft sich auf 157.143 € (0,5238 x 300.000 €). Die unfertigen Erzeugnisse werden Ende 01 als Langfristforderung (Fertigungsaufträge mit aktivischem Saldo gegenüber Kunden) mit 2.357.143 € bilanziert. Der Produktionsaufwand von 2,2 Mio. € wird um den Gewinnanteil erhöht. Im Vergleich ist der Produktionsaufwand gestiegen und der Gewinnanteil gesunken.

Fazit: Sie können den Gewinn erheblich beeinflussen

Die Fertigungsaufträge können grundsätzlich nach zwei verschiedenen Methoden bilanziert werden.

Bei der modifizierten completed-contract-method wird der Gesamtgewinn als Ganzes erst in der Periode ausgewiesen, in der er realisiert worden ist. In den Vorperioden aktivieren Sie nur die bisher angefallenen Herstellungskosten ohne Gewinnanteil. Dies führt zu einem wesentlich geringeren Gewinn in den Perioden vor der Fertigstellung und zu einem viel höheren in der Fertigstellungsperiode. Der Einfluss auf den Gewinn ist beträchtlich.

Bei der percentage-of-completion-method wird der Gewinn nach dem Fertigstellungsgrad gleichmäßig, d. h. periodengerecht verteilt. Das Unternehmen hat also in den Perioden vor der Fertigstellung einen höheren Gewinn als nach der completed-contract-method, aber in der Fertigstellungsperiode einen kleineren Gewinn.

Die percentage-of-completion-method und die modifizierte completed-contract-method sind grundsätzlich zur Bilanzierung von Fertigungsaufträgen zulässig. Falls die Voraussetzungen für die Bilanzierung der Auftragskosten und -erlöse nach dem Fertigstellungsgrad gemäß IAS 11.22-24 erfüllt sind, so ist die percentage-of-completion-method anzuwenden. Sind die Voraussetzungen nicht erfüllt, so ist die modifizierte completed-contract-method anzuwenden.
Bei der modifizierten completed-contract-method ist der Umsatz der Periode auf die Höhe der in der Periode angefallenen Herstellungskosten beschränkt und der Gewinn wird erst bei Abschluss der Periode als realisiert betrachtet.

Die wichtigsten Aspekte der beiden Bilanzierungsmethoden fasst die folgende Tabelle zusammen.

	Erfolgsausweis bei Fertigungsaufträgen	
	(modifizierte) Completed-contract-method	Percentage-of-completion-method
Inhalt	Erfolgsausweis bei Abnahme (rechtliche Betrachtung)	zeitanteiliger Erfolgsausweis (wirtschaftliche Betrachtung)
Prinzip	Vorsichtsprinzip	Periodenabgrenzung
Adressaten	Gläubiger	Anteilseigner
Anwendung	HGB und (IFRS)	IFRS

Finanzinstrumente (IAS 32/39)

Was sind Finanzinstrumente?

Ein Finanzinstrument ist gemäß IAS 39 ein Vertrag, der gleichzeitig bei einem Unternehmen zur Entstehung eines finanziellen Vermögenswertes und bei einem anderen Unternehmen zur Entstehung einer finanziellen Verbindlichkeit führt.

Die Finanzinstrumente nach IFRS umfassen

- finanzielle Vermögenswerte (financial assets),
- finanzielle Verbindlichkeiten (financial liabilities) und
- Eigenkapitalinstrumente (equity instruments).

In diesem Kapitel werden ausschließlich die finanziellen Vermögenswerte behandelt.

Finanzielle Vermögenswerte nach IFRS

Finanzielle Vermögenswerte werden im Wesentlichen nach IAS 32, IAS 39, IFRS 7 und IFRIC 9 bilanziert. Im IAS 39 sind die Ansätze und die Bewertung der Finanzinstrumente dargestellt. Die Angabepflichten für die Finanzinstrumente sind im IFRS 7 geregelt. Hat ein Unternehmen Investitionen in Form von Eigenkapitalanteilen an anderen Unternehmen getätigt (z.B. durch den Kauf von Aktien), so muss zunächst festgestellt werden, wie groß der am anderen Unternehmen erworbene Anteil ist.

Wie Anteile an Unternehmen klassifiziert werden

Hinsichtlich der Bilanzierung von Anteilen an anderen Unternehmen im Konzernabschluss unterscheiden die IFRS zwischen:

- unter alleiniger Kontrolle stehenden Tochterunternehmen (IAS 27) (investments in subsidiary),
- unter signifikantem Einfluss stehenden assoziierten Unternehmen (IAS 28) (investments in associates),
- unter gemeinsamer Kontrolle stehenden Gemeinschaftsunternehmen (IAS 31) (joint ventures) und
- sonstigen Anteilen ohne signifikante Einflussmöglichkeit (IAS 39) (other long-term investments).

Die Klassifizierung der Anteilsrechte kann nach dem folgenden Schema beurteilt werden.

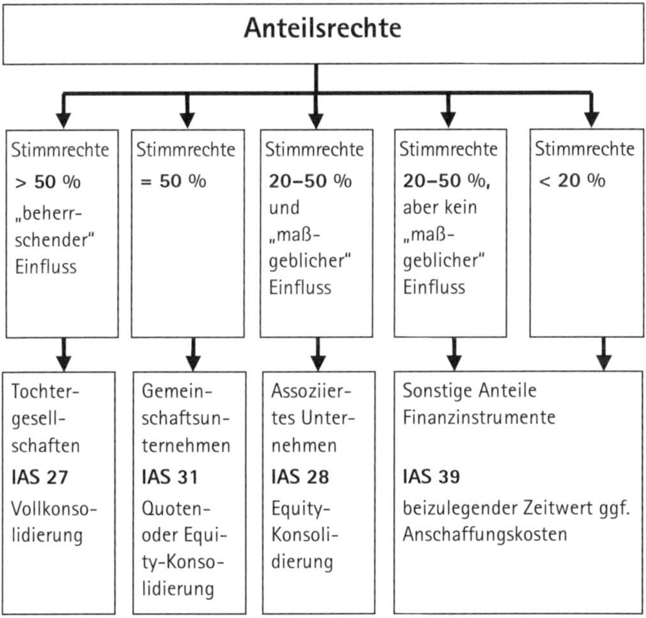

Im Wesentlichen können Sie die „investments in subsidiaries" mit den „Anteilen an verbundenen Unternehmen" gemäß HGB gleichsetzen. Von „investments in subsidiaries" können Sie ausgehen, wenn Ihr Unternehmen mehr als 50 % der Anteile am Kapital eines anderen Unternehmens besitzt.

Der Posten „investments in associates" entspricht in etwa dem handelsrechtlichen Posten „Beteiligungen". Es handelt sich nach IAS 28.3 um ein assoziiertes Unternehmen, wenn:

- der Anteilseigener die Möglichkeit hat, einen maßgeblichen Einfluss auf die Finanz- und Geschäftspolitik des Beteiligungsunternehmens auszuüben und
- das Beteiligungsunternehmen für den Anteilseigner weder eine Tochtergesellschaft noch ein Joint Venture ist.

Der Einfluss gilt dann als maßgeblich, wenn das am gezeichneten Kapital beteiligte Unternehmen über mindestens 20 % der Stimmrechte verfügt.

Zu den „other long-term investments" gehören alle übrigen Finanzinstrumente, wie Wertpapiere des Anlagevermögens und langfristige finanzielle Forderungen.

Kategorien von Finanzinstrumenten

Die Finanzinstrumente werden gemäß IAS 39.9 in vier Kategorien eingeteilt. Neben drei Wertpapierkategorien gehören auch die Kredite und Forderungen dazu. Die Kategorien lassen sich wie folgt einteilen:

- **Financial assets at fair value through profit or loss** (erfolgswirksam zum Zeitwert bewertete finanzielle Vermögenswerte): Diese Kategorie wird in zwei Subkategorien eingeteilt:
  - *Held for trading* (zu Handelszwecken gehaltene Finanzinstrumente) werden mit kurzfristiger Veräußerungsabsicht erworben, d.h. mit der Absicht, Gewinne aus kurzfristigen Preisänderungen oder einer Händlermarge zu erzielen. Derivate gehören grundsätzlich dieser Subkategorie an, sofern sie nicht einer Sicherungsbeziehung zugeordnet werden.
  - Die zweite Subkategorie *„designated at fair value"* enthält Finanzinstrumente, die bei erstmaligem Ansatz wahlweise unter bestimmten Bedingungen in diese Kategorie eingeordnet wurden, aber unwiderruflich (IAS 39.50) zum beizulegenden Zeitwert anzusetzen sind (so genanntes Designationswahlrecht). Diese Designation setzt voraus, dass es zu einer Erhöhung der Relevanz der Abschlussinformationen, zu einer Komplexitätsreduktion oder zu einer Erhöhung der Zuverlässigkeit der Bewertung kommt (Zielsetzung). Derivate gehören grundsätzlich dieser Subkategorie an, sofern sie nicht einer Sicherungsbeziehung zugeordnet werden (vgl. Ruhnke, Rechnungslegung, S.499 f.).
- **Loans and receivables** (Kredite und Forderungen) sind nicht derivative finanzielle Vermögenswerte mit festen und bestimmbaren Zahlungen, die nicht auf einem aktiven Markt notiert sind (IAS 39.9) und nicht kurzfristig veräu-

ßert werden sollen. Dies sind z.B. Forderungen aus Lieferungen und Leistungen, nicht am Markt oder an der Börse gehandelter Darlehen.

- **Held-to-maturity investments** (bis zur Endfälligkeit zu haltende Finanzinvestitionen) sind nicht derivative finanzielle Vermögenswerte mit fixen oder bestimmbaren Zahlungen und einer festen Fälligkeit, die ein Unternehmen mit der festen Absicht und Fähigkeit bis zur Endfälligkeit halten will und kann (IAS 39.9). Beispiele für diese Kategorie sind Anleihen, Industrieobligationen und Zerobonds, die der Inhaber bis zur Endfälligkeit zu halten beabsichtigt und auch halten kann. Diese Wertpapierklasse ist dem langfristigen Vermögen zuzuordnen.
- **Available-for-sale financial assets** (zur Veräußerung verfügbare finanzielle Vermögenswerte): Dies sind sämtliche finanzielle Vermögenswerte, die in keine der drei oben genannten Kategorien fallen und damit unter die Restgröße der zur Veräußerung verfügbaren finanziellen Vermögenswerte fallen. Die Kategorie „available-for-sale" beinhaltet ein Optionsrecht, d.h. jeder finanzielle Vermögenswert kann freiwillig als „zur Veräußerung verfügbar" eingestuft werden. Dies gilt allerdings nicht für finanzielle Vermögenswerte, die zwingend als Handelsbestand klassifiziert werden. Zu dieser Kategorie gehören z.B. Aktien und Anteile von Investmentfonds, die jederzeit an der Börse veräußert werden könnten, für die aber keine konkrete Veräußerungsabsicht besteht.

In der folgenden Tabelle sehen Sie, wie die finanziellen Vermögenswerte nach IAS 39 bzw. HGB klassifiziert werden.

	Financial assets at fair value ...	Held-to-maturity invest-ments	Available-for-sale financial assets	Loans and receivables
Wertpapiere Umlaufvermögen	x		x	
Ausleihungen		x	x	x
Wertpapiere Anlagevermögen		x	x	x
Forderungen aus Lieferungen und Leistungen				x

Bewertung von Finanzinstrumenten

Die Erstbewertung der Finanzinstrumente erfolgt in allen Kategorien zum beizulegenden Zeitwert (fair value). Dabei werden bei allen Finanzinvestitionen, die nicht als „erfolgswirksam zum beizulegenden Zeitwert" klassifiziert sind, die beim dem Erwerb direkt zurechenbaren Nebenkosten berücksichtigt. Die Folgebewertung ist abhängig von der Kategorie, der die Finanzinstrumente zugeordnet werden.

Die folgende Tabelle gibt einen Überblick über die vier Kategorien.

	Financial assets at fair value through profit or loss	Available for sale financial assets	Held to maturity investments	Loans and receivables
Klassifizierung	Handelswertpapiere und sonstige Wertpapiere mit fair value Option	zur Veräußerung verfügbar	bis Endfälligkeit gehalten	Kredite und Forderungen
Erstbewertung	fair value ohne Nebenkosten	fair value mit Nebenkosten	fair value mit Nebenkosten	fair value mit Nebenkosten
Folgebewertung	fair value	fair value	fortgeführte Anschaffungskosten	fortgeführte Anschaffungskosten
Wertänderungen	erfolgswirksam	erfolgsneutral im sonstigen Ergebnis	werden nicht erfasst, ggf. erfolgswirksam	werden nicht erfasst, ggf. erfolgswirksam
Impairment test	nein	ja	ja	ja

> Da Wertpapiere keiner planmäßigen Abschreibung unterliegen, kommen nur außerplanmäßige Wertminderungen bzw. Zuschreibungen in Betracht.

Die Folgebewertung hängt von der jeweiligen Wertpapierkategorie ab.

Financial assets at fair value through profit or loss

Bei den Handelswertpapieren nehmen Sie die Folgebewertung zum beizulegenden Zeitwert (fair value) vor. Der beizulegende Zeitwert ist bei Wertpapieren der Kurswert, der auch oberhalb der Anschaffungskosten liegen kann. Aus Kursänderungen resultierende Gewinne bzw. Verluste verbuchen Sie erfolgswirksam.

> Sämtliche Wertänderungen, Zinsen und Dividenden der Handelswertpapiere sowie der finanziellen Vermögenswerte, die durch Designation zum fair value bewertet werden, sind erfolgswirksam im Gewinn oder Verlust zu erfassen.

Available-for-sale financial assets

Die Folgebewertung der available-for-sale financial assets erfolgt ebenfalls zum beizulegenden Zeitwert, der auch über den Anschaffungskosten liegen kann. Dies ist nach HGB nicht zulässig, da hier die historischen Anschaffungskosten die Bewertungsobergrenze darstellen. Die bei der Erstbewertung der available-for-sale financial assets aktivierten Transaktionskosten sind bei der Folgebewertung gegen das sonstige Ergebnis und somit der „Fair-Value-Rücklage" zu eliminieren. Vorübergehende Wertänderungen sind bei den available-for-sale financial assets erfolgsneutral im sonstigen Ergebnis zu erfassen (IAS 39.55(b)).

Marktbedingte Kursschwankungen am Aktienmarkt werden erfolgsneutral in einer gesonderten „Fair-Value-Rücklage" im Eigenkapital gebucht. Eine Werterhöhung führt zu einer positiven Rücklage, während eine spätere Wertminderung eventuell zu einer negativen Fair Value Rücklage führt. Nur bei einem außerplanmäßigen Wertminderungsbedarf aufgrund eines Impairment-Tests muss eine erfolgswirksame Verrechnung des Aufwands im Gewinn oder Verlust (GuV) erfolgen.

> Bei den available-for-sale financial assets sind unrealisierte Kursgewinne und vorübergehende Verluste erfolgsneutral zu erfassen.

Gehen Sie bei Wertminderungen und Werterhöhungen nach dem folgenden Schema vor:

Bewertung von available-for-sale financial assets	
Vorübergehende Wertminderung	**Dauernde Wertminderung**
1. Auflösung der positiven Fair Value Rücklage	1. Auflösung der positiven Fair Value Rücklage
2. Bildung einer negativen Fair Value Rücklage	2. Bildung einer negativen Fair Value Rücklage mit ergebniswirksamer Auflösung
Spätere Zuschreibungen	
1. Minderung der negativen Fair Value Rücklage 2. Bildung einer positiven Fair Value Rücklage	– EK-Instrument (z.B. Aktien): erfolgsneutrale Zuschreibung in Fair Value Rücklage (sonstiges Ergebnis) – FK-Instrument (z.B. Anleihe): erfolgswirksam maximal in Höhe des Wertminderungsaufwands

> Erst beim Abgang der „available-for-sale financial assets" werden die im Eigenkapital (Fair-Value-Rücklage) erfassten kumulierten Gewinne und Verluste aus der Bewertung zum beizulegenden Zeitwert erfolgswirksam in der Gewinn- und Verlustrechnung erfasst.

Beispiel: Available-for-sale financial assets (AfS)

Die XYZ AG erwirbt am 18.08.01 die Aktien der Elite AG zum Kurswert von 20.200 € (inkl. Bankprovision in Höhe von 200 €), die der Kategorie „available-for-sale" zugeordnet werden. Am 31.12.01 beträgt der beizulegende Zeitwert 24.000 €. Erstbewertung und Buchung am 18.08.01:

AfS-Wertpapier	20.200	an	Bank	20.200

Am 31.12.01 beträgt der beizulegende Zeitwert 24.000 €. Buchung der Folgebewertung zum 31.12.01 und Rückgängigmachung der aktivierten Nebenkosten gemäß IAS 39.AG67:

Sonstiges Ergebnis (Fair Value Rückl.)	200	an	AfS-Wertpapiere	200
AfS-Wertpapiere	4.000	an	Sonst. Ergebnis (Fair-Value-Rückl.)	4.000

Die Fair Value Rücklage hat einen Wert von +3.800 €. Am 31.12.02 beträgt der beizulegende Zeitwert 17.000 € bei einer **vorübergehenden Wertminderung.** Buchung zum 31.12.02:

Sonstiges Ergebnis (Fair-Value-Rückl.)	3.800			
Sonstiges Ergebnis (Fair-Value-Rückl.)	3.200	an	AfS-Wertpapiere	7.000

Die Fair Value Rücklage hat einen Wert von -3.200 €. Der beizulegende Zeitwert zum 31.12.03 beträgt 25.500 €. Buchung zum 31.12.03:

AfS-Wertpapiere	8.500	an	Sonst. Ergebnis (Fair-Value-Rückl.)	8.500

Die Fair Value Rücklage hat einen Wert in Höhe von +5.300 €. Die Aktien werden verkauft a) zu 23.000 € und b) zu 15.000 € am 15.01.04. Der Buchungssatz bei a) lautet:

Bank	23.000			
Sonst. Ergebnis	5.300	an	AfS-Wertpapiere	25.500
(Fair-Value-Rückl.)		an	Finanzertrag	2.800

Die Fair Value Rücklage wurde komplett aufgelöst. Der Buchungssatz bei b) lautet:

Bank Sonst. Ergebnis (Fair-Value-Rückl.) Finanzaufwand	15.000 5.300 5.200	an	AfS-Wertpapiere	25.500

Die Fair Value Rücklage hat einen Wert von null.

Beispiel: Bewertung von AfS-Wertpapieren

Wertpapier X: Kauf von 2.000 St. am 15.09.01 zum Preis von 100 €/St., Marktwert am 31.12.01: 120 €/St., Verkauf von 2.000 St. am 30.03.02 zum Kurs von 130 €/St.

Nachfolgend sehen Sie die unterschiedliche bilanzielle Erfassung nach HGB und IFRS.

Beachten Sie: Die IFRS Wertpapiere der available-for-sale Kategorie müssen zum beizulegenden Wert (fair value) am Bilanzstichtag bewertet werden. Eine eventuelle Wertänderung wird erfolgsneutral im sonstigen Ergebnis (Fair-Value-Rücklage) erfasst.

Die erfolgsneutrale „Fair-Value-Rücklage" wird im Zeitpunkt der Veräußerung erfolgswirksam aufgelöst und somit Bestandteil des laufenden Ergebnisses. Der noch nicht realisierte Gewinn wurde am 31.12.01 in Höhe von 40.000 € erfolgsneutral in die Fair-Value-Rücklage eingestellt und zum Zeitpunkt der Veräußerung erfolgswirksam (Gewinn erhöhend) aufgelöst.

	IFRS	HGB
Bilanzielle Erfassung des Kaufs: Wertpapier X an Bank	200.000	200.000
Bilanzierung am 31.12.01: Wertpapier X an Fair-Value-Rücklage	40.000	0

Verkauf Wertpapier X am 30.03.02:				
Bank			260.000	260.000
Fair-Value-Rücklage			40.000	0
	an	Wertpapier X	240.000	200.000
	an	Gewinn	60.000	60.000

Held-to maturity investments

Die held-to-maturity investments mit einer festen Laufzeit werden mit den fortgeführten Anschaffungskosten (amortized costs) nach der Effektivzinsmethode bewertet. Bei der Folgebewertung müssen Sie folgendes beachten:

- Kurzfristige fair value-Änderungen werden nicht erfasst.
- Nur beim impairment test (Werthaltigkeitstest) werden Wertminderungen und Zuschreibungen im Gewinn oder Verlust erfasst.
- Amortisierung und Zinsertrag werden ebenfalls im Gewinn oder Verlust erfasst.

Haben die held-to-maturity investments keine feste Restlaufzeit und kann der fair value nicht zuverlässig bestimmt werden, erfolgt hingegen eine Bewertung zu Anschaffungskosten.

Eine außerplanmäßige Abschreibung wird notwendig, wenn Hinweise darauf bestehen, dass der Schuldner zahlungsunfähig ist (IAS 39.59). Wohingegen Kursänderungen, die allein vom Markt bestimmt werden, keine Abschreibungsursache darstellen.

Falls ein Unternehmen nicht mehr die Absicht hat, Wertpapiere als „held-to-maturity" zu klassifizieren oder es sich aufgrund finanzieller Probleme nicht mehr leisten kann, so sind die „held-to-maturity" in „available-for-sale financial assets" umzugliedern und zum beizulegenden Zeitwert zu bewerten.

Beispiel: Effektivzinsmethode bei held-to-maturity investment

Ein Unternehmen kauft eine Anleihe im Nominalwert von 5.000 € am 01.01.01 zum Kurs von 4.830,63 € einschließlich Nebenkosten. Der Nominalzins beträgt 6 % und wird nachschüssig gezahlt. Die Laufzeit der Anleihe endet am 31.12.04. Das Unternehmen beabsichtigt die Anleihe bis zur Endfälligkeit zu halten. Während der Laufzeit gibt es keine Anzeichen für eine außerplanmäßige Wertminderung. Der Effektivzinssatz beträgt 7 %. Nachfolgend sehen Sie, wie sich die fortgeführten Anschaffungskosten entwickeln.

Datum	Nominalzins	effektive Zinsen	Auflösung Disagio	fortgeführte AK
	A = 5.000 x 0,06	B_t = D_{t-1} x 0,07	C = B - A	$D_t = D_{t-1} - C$
01.01.01				4.830,63
31.12.01	300,00	338,15	38,15	4.868,78
31.12.02	300,00	340,82	40,82	4.909,59
31.12.03	300,00	343,67	43,67	4.953,27
31.12.04	300,00	346,73	46,73	5.000,00

Umklassifizierungen zwischen den verschiedenen Kategorien

Seit Oktober 2008 wurden zusätzliche Möglichkeiten der Umklassifizierung geschaffen, vor allem, um im Rahmen der globalen Finanzkrise den Unternehmen eine anschaffungskostenbasierte Bewertung von zuvor zum fair value bewerteten Finanzinstrumenten zu ermöglichen. Beispielsweise hat die Deutsche Bank im dritten Quartal 2008 von dieser Möglichkeit Gebrauch gemacht und bestimmte finanzielle Vermögenswerte, für die kein aktiver Markt bestand umklassifiziert. Mithilfe dieser Umklassifizierung erzielte die Deutsche Bank im 3. Quartal 2008 einen Gewinn vor Steuern von 93 Mio. €. Ohne diese Umklassifizierung wäre das Ergebnis infolge negativer Fair Value-Änderungen um 820 Mio. € niedriger ausgefallen. Folgende Umklassifizierungen sind möglich:

Möglichkeit der Umklassifizierung	**in die Kategorie ...**				
von der Kategorie ...	**HFT**	**DAFV**	**AFS**	**LAR**	**HTM**
HFT	-	nein	ja	ja	ja
DAFV	nein	-	nein	nein	nein
AFS	nein	nein	-	ja	ja
LAR	nein	nein	nein	-	nein
HTM	nein	nein	bedingt	nein	-

(HFT = held for trading, DAFV = designated at fair value, AFS = available-for-sale, LAR = loans and receivables, HTM = held-to-maturity)

Resümee: Available-for-sale financial assets

Die available-for-sale financial assets haben eine große Bedeutung, da sie alle finanziellen Vermögenswerte aufnehmen, bei denen

- weder eine Handelsabsicht besteht,
- noch die Voraussetzungen, sie als held-to-maturity investments zu klassifizieren, vorliegen.

Finanzinstrumente dieser Kategorie sind grundsätzlich erfolgsneutral zum beizulegenden Zeitwert zu bewerten. Zinstragende Fremdkapitalinstrumente sind zu fortgeführten Anschaffungskosten zu bilanzieren. Die Vereinnahmung der Zinsen erfolgt auf der Basis der Effektivzinsmethode. Wertsteigerungen können die Anschaffungskosten übersteigen.

Disagien, Agien und Transaktionskosten, die zu einer Abweichung zwischen dem Nominalbetrag und dem Kauf- oder Ausgabekurs führen, sind unter Anwendung der Effektivzinsmethode erfolgswirksam zu amortisieren.

Neuregelungen nach IFRS 9

Der IFRS 9 ist voraussichtlich ab 2013 auf alle finanziellen Vermögenswerte anzuwenden, die in den Anwendungsbereich des IAS 39 fallen. Die vier bisherigen Kategorien werden nach IFRS 9 wegfallen. Dafür gibt es gemäß IFRS 9.4.1 nur noch die zwei folgenden Kategorien.

- zu fortgeführten Anschaffungskosten (amortized costs): zu dieser Kategorie gehören finanzielle Vermögenswerte, die keine komplexen Elemente enthalten und nur zu dem

Zweck erworben werden, um vertraglich festgelegte Zahlungsflüsse (Tilgung und Zinsen zu vereinnahmen.

- zum beizulegenden Zeitwert (fair value): alle anderen Vermögenswerte sind in die Kategorie „zum beizulegenden Zeitwert (fair value) einzuordnen.

Welche Voraussetzungen sind für die Bewertung „zu fortgeführten Anschaffungskosten" zu erfüllen?

- Das Geschäftsmodell beabsichtigt das Finanzinstrument im Bestand zu halten und die vereinbarten Cashflows (Zinsen und Tilgung) tatsächlich zu erhalten.
- Zu festgelegten Zeitpunkten generiert das Finanzinstrument vertraglich vereinbarte Cashflows, die ausschließlich Zins- und Tilgungszahlungen aus dem ausstehenden Nominalbetrag darstellen.

Alle Instrumente, die diese Voraussetzungen nicht erfüllen, werden der Kategorie „fair value" zugeordnet.

Forderungen

Sowohl das Handelsrecht als auch IFRS behandeln Forderungen ähnlich. Dies betrifft auch den Realisationszeitpunkt der Forderungen. Sie werden nach HGB mit den Anschaffungskosten i. S. der Nominalwerte und nach IFRS ebenfalls mit den Anschaffungskosten jedoch i. S. der beizulegenden Zeitwerte (fair value) bewertet.

Die Folgebewertung der Forderungen erfolgt zu fortgeführten Anschaffungskosten unter Verwendung der Effektivzinsmethode (IAS 39.46). Unverzinsliche bzw. sehr niedrig verzinsliche Forderungen sind aber nur dann mit ihrem Barwert anzusetzen, wenn der Diskontierungsbetrag wesentlich ist.

Beispiel: Effektivverzinsung von Forderungen

Ein Medizinunternehmen liefert Ende Dezember 01 Herzschrittmacher an eine Herzklinik in Südafrika für insgesamt 500.000 €. Der Fälligkeitstermin der Forderung ist der 30.09.02. Der marktübliche Zinssatz beträgt 8 %. Die Bonität der Herzklinik ist einwandfrei. Bilanzstichtag ist der 31.12.02.

In der HGB-Bilanz zum 31.12.01 nimmt das Medizinunternehmen aus Vereinfachungsgründen bei Forderungen aus Lieferungen und Leistungen generell keine Abzinsung vor. In der HGB-Bilanz des Medizinunternehmens wird die Forderung mit 500.000 € ausgewiesen.

In der IFRS-Bilanz müssen kurzfristige unverzinsliche Forderungen abgezinst werden, wenn der Diskontierungsbetrag wesentlich ist. Ein Zahlungsziel von über 270 Tagen ist sicherlich nicht als üblich anzusehen und man kann dies als eine Art versteckter kurzfristiger Kredit betrachten. Da es sich um eine hohe Forderung handelt ergibt sich ein wesentlicher Diskontierungsbetrag und die Forderung ist abzuzinsen. Bei einer Restlaufzeit von neun Monaten, bezogen auf den Bilanzstichtag, ergibt sich ein Barwertansatz in Höhe von

$$\text{Barwert der Forderung} = 500.000\ € \times \frac{1}{1{,}08^{0{,}75}} = 471.957\ €$$

Forderungen aus Lieferungen und Leistungen sind i.d.R. kurzfristig, so dass aufgrund des Wesentlichkeitsgrundsatzes auf eine Abzinsung häufig verzichtet werden kann.

Wo liegen die weiteren Unterschiede zwischen HGB und IFRS?

- Das HGB erlaubt für zweifelhafte Forderungen sowohl eine konservative Einzelwertberichtigung (EWB) als auch eine Pauschalwertberichtigung (PWB). IFRS dagegen erkennt EWB nur in Höhe des wahrscheinlich ausfallenden Betrags an. PWB dürfen nur in Höhe des anhand von Erfahrungswerten nachgewiesenen tatsächlichen Ausfalls gebildet werden. Die Bildung stiller Reserven mit PWB ist nicht zulässig.
- Fremdwährungsforderungen werden nach IFRS generell zum jeweiligen Stichtagskurs umgerechnet. Bei Fremdwährungsforderungen müssen nach IFRS nicht nur Umrechnungsverluste, sondern auch Umrechnungsgewinne ausgewiesen werden. Im HGB gelten folgende Regelungen für Fremdwährungsforderungen:
  - Fremdwährungsforderungen mit einer *Restlaufzeit von über einem Jahr* sind unter Beachtung der Restriktion des Anschaffungskosten- und des Realisationsprinzips zum Devisenkassamittelkurs umzurechnen, d.h. Kursverluste sind erfolgswirksam zu erfassen, Kursgewinne dürfen dagegen nicht erfasst werden.
  - Fremdwährungsforderungen mit einer *Restlaufzeit von einem Jahr oder weniger* sind ohne Beachtung der Restriktion des Anschaffungskosten- und des Realisationsprinzips zum Devisenkassamittelkurs umzurechnen, d.h. Kursverluste und Kursgewinne sind erfolgswirksam zu erfassen. Es dürfen explizit die historischen Anschaffungskosten bei den Forderungen überschritten werden. Das bedeutet, dass auch nach HGB unrealisierte Gewinne ausgewiesen werden.

Beispiel: Fremdwährungsforderungen und zweifelhafte Forderungen

Als Leiter(in) des Rechnungswesens erfahren Sie, dass die Forderungen des Kunden Müller in Höhe von 238 T€ (inkl. 19 % MwSt.) als zweifelhaft anzusehen sind. Sie rechnen am 31.12.01 mit einem wahrscheinlich 50%-igen Ausfall der zweifelhaften Forderung. Im ungünstigsten Fall könnten eventuell 90 % der Forderung uneinbringbar sein. Sie verbuchen die Wertberichtigung einmal nach HGB und einmal nach IFRS.

Zunächst die Bewertung nach HGB: Es wird unter Berücksichtigung des Vorsichtsprinzips eine Einzelwertberichtigung in Höhe von 180 T€ (90 % von 200 T€ = Nettowert der Forderung ohne USt.) gebildet. Eine Umsatzsteuerkorrektur erfolgt erst dann, wenn die Forderung tatsächlich ausgefallen ist. Somit wird die Forderung mit 58 T€ (20 T€ + 38 T€ USt.) bewertet.

Nun die Bewertung nach IFRS: Die Einzelwertberichtigung darf maximal in Höhe des wahrscheinlich ausfallenden Betrags, d. h. mit 50 % des Nettowertes gebildet werden. Somit wird eine Einzelwertberichtigung in Höhe von 100 T€ gebildet. Die Forderung wird daher in der IFRS-Bilanz mit 138 T€ angesetzt.

Außerdem haben Sie eine Fremdwährungsforderung vom 17.11.01 in Höhe von 100.000 US $. Der US $ Kurs hat sich wie folgt entwickelt:

17.11.01:	1 US $ = 1,00 €
31.12.01:	1 US $ = 1,07 €

Die kurzfristige Fremdwährungsforderung ist nach HGB und IFRS mit dem Stichtagskurs zu bewerten, d. h. die Forderung wird mit 107 T€ ausgewiesen, somit ergibt sich ein Währungsumrechnungsertrag in Höhe von 7 T€.

Die Forderungen werden nach IFRS mit den fortgeführten Anschaffungskosten im Sinne des beizulegenden Zeitwertes (fair value) bewertet.

Rückstellungen

Rückstellungen sind Passivposten, die im Vergleich zu den Verbindlichkeiten hinsichtlich ihres Eintretens oder ihrer Höhe nach ungewiss sind. Sie sollen der Periode ihrer Verursachung zugerechnet werden.

Rückstellungen nach HGB

Nach § 266 Abs. 3 HGB sind unter dem Posten Rückstellungen auf der Passivseite der Bilanz folgende Positionen auszuweisen:

- Rückstellungen für Pensionen und ähnliche Verpflichtungen,
- Steuerrückstellungen und
- sonstige Rückstellungen.

Rückstellungsarten

Verbindlichkeitsrückstellungen	Aufwandsrückstellungen
– Rückstellungen für ungewisse Verbindlichkeiten – Rückstellungen für Drohverluste – Rückstellungen für Kulanz – Garantierückstellungen	– Rückstellungen für Instandhaltung, die innerhalb von drei Monaten im folgenden Geschäftsjahr nachgeholt werden – Rückstellungen für Abraumbeseitigung, die im folgenden Geschäftsjahr nachgeholt werden
Verpflichtung gegenüber fremden Dritten oder dem Staat = **Außenverpflichtung**	Verpflichtung gegenüber sich selbst, nicht gegenüber Dritten = **Innenverpflichtung**

Die Abbildung auf der vorhergehenden Seite zeigt, welche zwei Gruppen Sie bei den sonstigen Rückstellungen unterscheiden müssen.

Rückstellungen nach IFRS

Im Vergleich zum HGB sind nach IFRS nur Verbindlichkeitsrückstellungen zulässig, d. h. jede Art von Aufwandsrückstellungen, die auf Verpflichtungen im Innenverhältnis beruhen, sind verboten.

Eine Rückstellung (provision) ist eine Schuld, deren Höhe oder Fälligkeit ungewiss ist, die die folgenden Ansatzvoraussetzungen gemäß IAS 31.14 erfüllen muss:

- ein Unternehmen aus einem vergangenen Ereignis eine gegenwärtige Verpflichtungen (rechtlich oder faktisch) hat,
- der Abfluss von Ressourcen mit wirtschaftlichem Nutzen zur Erfüllung dieser Verpflichtung wahrscheinlich ist und
- eine zuverlässige Schätzung der Höhe der Verpflichtung möglich ist.

Falls diese Bedingungen nicht erfüllt sind, dürfen Sie keine Rückstellung bilden.

> Ungewisse Verpflichtungen (contingent losses) gegenüber Dritten sind erst dann rückstellungsfähig, wenn sie mit einer Wahrscheinlichkeit von mehr als 50 % eintreten (probable bzw. more likely than not) und sich der aus der Verpflichtung resultierende Aufwand zuverlässig ermitteln lässt. Ansonsten besteht ein Rückstellungsverbot.

Zukünftig erwartete oder geplante Ereignisse nach IAS 37 dürfen zu keiner Rückstellung führen. Rückstellungen für ungewisse Verpflichtungen aus schwebenden Absatzgeschäften dürfen ebenso wenig gebildet werden wie reine Aufwandsrückstellungen.

Sogenannte „abgegrenzte Schulden" (accruals) zählen ebenfalls nicht zu den Rückstellungen. Bei den accruals handelt es sich beispielsweise um: ausstehende Rechnungen für erhaltene Güter und Dienstleistungen, ausstehende Provisionen, Jubiläumsaufwendungen, Beiträge zur Berufsgenossenschaft etc. Sie stellen im IFRS-Abschluss „sonstige Verbindlichkeiten" dar (IAS 37.11).

Ebenso erfüllen ungewisse Schulden, d.h. Eventualschulden (contingent liabilities) nicht die Voraussetzungen für eine Rückstellung nach IFRS.

Restrukturierungsrückstellungen nach IFRS

Restrukturierungsrückstellungen müssen die allgemeinen Ansatzvoraussetzungen für Rückstellungen erfüllen (IAS 37.14). Die Rückstellungspflicht entsteht nur, wenn das Unternehmen einen detaillierten Restrukturierungsplan hat, der die von IFRS geforderten Mindestangaben enthält (IAS 37.72):

- das Geschäftsfeld oder den Teil des Geschäftsfeldes,
- die wichtigsten betroffenen Standorte,
- die ungefähre Zahl, sowie die Funktion der zu entschädigenden Arbeitnehmer, die aufgrund ihrer Freisetzung eine Abfindung erhalten,

- die für die Restrukturierung erforderlichen Angaben,
- Angaben, wann der Restrukturierungsplan umgesetzt werden soll.

Zur Bewertung können Sie nur Ausgaben berücksichtigen, die direkt mit der Restrukturierung im Zusammenhang stehen.

Somit dürfen Sie z. B. Aufwendungen für die Umschulung von weiterhin beschäftigten Mitarbeitern oder deren Versetzung an andere Standorte genauso wenig erfassen, wie Marketingkosten oder Investitionen in neue EDV- und Vertriebssysteme.

Bewertung der Rückstellungen

In beiden Rechnungslegungssystemen müssen Sie als relevanten Wertansatz für Rückstellungen einen nach vernünftiger Beurteilung ermittelten Schätzwert zugrunde legen. Aufgrund des Vorsichtsprinzips verlangt das HGB einen Wert, der am oberen Ende des Schätzrahmens liegt, um im Zweifelsfall das Risiko eher zu hoch als zu niedrig zu bewerten.

Nach IFRS müssen Sie die Rückstellung dagegen mit dem wahrscheinlichsten Wert der ungewissen Verpflichtung passivieren. Damit soll erreicht werden, dass die gegenwärtige Verpflichtung am Bilanzstichtag abgedeckt ist.

Die Unterschiede bei der Bewertung der Rückstellungen sehen Sie in der folgenden Tabelle:

HGB	IFRS
Verbindlichkeitsrückstellungen	
▪ Ansatz in Höhe des nach vernünftiger kaufmännischer Beurteilung notwendigen Erfüllungsbetrags ▪ Bei einer Bandbreite von gleichwahrscheinlichen Beträgen ist der höchste Wert zu passivieren (Vorsichtsprinzip!)	▪ Ansatz der bestmöglichen Schätzung des Betrages zu dem die Schuld abgelöst oder auf einen Dritten übertragen werden könnte ▪ Bei einer Bandbreite von gleichwahrscheinlichen Beträgen ist der Erwartungswert (expected value) anzusetzen.
Abzinsungspflicht	
▪ Bei einer Restlaufzeit von mehr als einem Jahr	▪ Wenn der Abzinsungseffekt wesentlich ist
▪ Abzinsung mit einem fristenadäquaten durchschnittlichen Marktzinssatz der vergangenen sieben Jahre	▪ Abzinsung mit einem marktgerechten, risikoadäquaten Zinssatz vor Steuern
Künftige Ereignisse	
▪ Erwartete künftige Preis- und Kostensteigerungen sind zu berücksichtigen	▪ Sie sind zu berücksichtigen, falls sie die Rückstellungshöhe beeinflussen und genügend objektive Hinweise auf deren Eintritt vorliegen.

Beispiel: Bewertung von Rückstellungen nach HGB und IFRS

Ein Automobilzulieferer hat sein Produktsortiment auf die Produktion von Tuning-Teilen erweitert. Dafür hat er auch eine ältere Fabrikhalle preisgünstig erworben. Die Reputation des Unternehmens ist in der Branche sehr gut. Sie werden damit beauftragt den Jahresabschluss (31.12.) des Unternehmens zu erstellen. Folgende Vorgänge wurden noch nicht berücksichtigt:

- Für die Tuning-Teile wird eine Garantie von 6 Monaten gewährt. Aus Kulanzgründen hat das Unternehmen bisher auftretende Mängel bis einschließlich des 12. Monats kostenlos beseitigt.

- Da der Wintereinbruch sehr früh kam, konnte die Dachreparatur der Fabrikhalle nicht mehr durchgeführt werden. Diese wird innerhalb der ersten drei Monate des Folgejahres nachgeholt.

So werden die Vorgänge nach HGB bzw. nach IFRS behandelt

- Es besteht zwar für die kostenlose Reparatur außerhalb der Garantiezeit keine rechtliche Verpflichtung, jedoch kann sich das Unternehmen dieser Verpflichtung faktisch nicht entziehen. Sowohl nach HGB als auch nach IFRS ist eine Kulanzrückstellung zu bilden.
- Nach HGB muss eine Rückstellung für die unterlassene Instandhaltung gebildet werden. Da es sich um eine Aufwandsrückstellung handelt, ist diese nach IFRS verboten.

Pensionsrückstellungen

Pensionsrückstellungen werden mit versicherungsmathematischen Verfahren bewertet. Grundsätzlich können zwei Verfahrenstypen unterschieden werden: das Anwartschaftsdeckungsverfahren und das Anwartschaftsbarwertverfahren.

Beim *Anwartschaftsbarwertverfahren* ergibt sich der Altersversorgungsaufwand einer Periode aus dem Barwert der in der Periode verdienten Pensionsansprüche zuzüglich einer rechnerischen Verzinsung der bereits gebildeten Pensionsrückstellungen. Dieses Verfahren wird üblicherweise in den angelsächsischen Jahresabschlüssen angewandt.

Beim *Anwartschaftsdeckungsverfahren* werden die bis zum Versorgungsfall erreichten Pensionsansprüche hochgerechnet. Der „Gesamtbetrag" der Pensionsansprüche wird dann auf die einzelnen Perioden verteilt, in der Regel nach der

Annuitätenmethode. Dadurch verteilt sich – im Vergleich zum Anwartschaftsbarwertverfahren – der Altersversorgungsaufwand bis zur Pensionierung gleichmäßig. Ein typisches Beispiel für das Anwartschaftsdeckungsverfahren ist das im deutschen Steuerrecht etablierte Teilwertverfahren.

Ansatz und Ausweis nach IFRS

Die IFRS regeln die Bilanzierung von Pensionsrückstellungen in den IAS 19 (Leistungen an Arbeitnehmer). Für die Pensionsrückstellungen besteht eine Passivierungspflicht.

Entscheidend für die bilanzielle Behandlung von Pensionsplänen ist die Ausgestaltung der Zusagearten der betrieblichen Altersversorgung. Es wird zwischen beitrags- (defined contribution plans) und leistungsorientierten (defined benefit plans) Plänen unterschieden.

Beitragsorientierte Pensionspläne

Sie sind dadurch gekennzeichnet, dass sich der Arbeitgeber verpflichtet regelmäßig festgelegte Beiträge zugunsten des Arbeitnehmers an einen externen Versorgungsträger zu zahlen. Das Risiko über die Wertentwicklung der gezahlten Beiträge trägt der Arbeitnehmer. D.h. eine eventuell schlechte wirtschaftliche Entwicklung des Versorgungsträgers führt zu keiner erweiterten (Subsidär-)Haftung oder Nachschusspflicht des Arbeitgebers. Zu den beitragsorientierten Versorgungsträgern zählen Direktversicherungen, Pensionskassen und Pensionsfonds. Die geleisteten Beiträge werden beim Arbeitgeber als Aufwand erfasst.

Leistungsorientierte Pensionspläne

Der Arbeitgeber verpflichtet sich eine bestimmte Pensionsleistung an aktive oder frühere Mitarbeiter zu zahlen. Somit hat er sicherzustellen, dass jederzeit genügend Mittel zur Begleichung der fälligen Pensionsleistungen zur Verfügung stehen. Die benötigten Mittel kann der Arbeitgeber selber im eigenen Unternehmen oder über einen externen Versorgungsträger (z.B. Unterstützungskasse) ansammeln, ohne dadurch jedoch aus der Leistungsverpflichtung entlassen zu werden. Für die unmittelbaren leistungsorientierten Zusagen besteht eine Passivierungspflicht, d.h. Bildung von Pensionsrückstellungen.

Die IAS 19.64f schreiben für den Wertansatz das Anwartschaftsbarwertverfahren (projected unit credit method) vor. Die bis zum Bilanzstichtag erarbeiteten planmäßigen Pensionsanwartschaften werden mit dem versicherungsmathematischen Barwert bewertet.

Bei der Ermittlung der Diskontierungszinssätze können sich die Unternehmen an dem am Kapitalmarkt beobachtbaren Zinssätzen für Industrieanleihen erstklassiger Bonität mit 10-jähriger (Rentnerbestand) oder 30-jähriger Laufzeit (Anwärterbestand) orientieren.

Bei dem Anwartschaftsbarwertverfahren werden neben den am Bilanzstichtag bekannten Renten und erworbenen Anwartschaften auch künftig zu erwartende Steigerungen von Renten und Gehältern unter Einschätzung der relevanten Einflussgrößen berücksichtigt. Die Berechnung erfolgt auf der Basis der versicherungsmathematischen Gutachten unter Berücksichtigung biometrischer Rechnungsgrundlagen. Versicherungsmathematische Gewinne oder Verluste sind dann erfolgswirksam zu verrechnen, wenn die unberücksichtigten versicherungsmathematischen Gewinne und Verluste 10 % des höheren Betrags „aus der Verpflichtung aus dem leistungsorientierten Plan" oder „dem beizulegenden Zeitwert des Planvermögens" überschreiten.

Die Pensionsverpflichtung in der Bilanz setzt sich zum Abschlussstichtag gemäß IAS 19.54 wie folgt zusammen:

	Barwert der leistungsorientierten Pensionsverpflichtung
+/-	versicherungsmathematische Gewinne/Verluste
-	noch nicht verrechneter Dienstzeitaufwand
-	beizulegender Zeitwert des Planvermögens am Abschlussstichtag (sofern zu Finanzierungszwecken ausgelagert), mit dem die Verpflichtungen unmittelbar abzugelten sind
=	**Pensionsverpflichtung (defined benefit liability)**

Beispiel

Wird einem 60-jährigen Arbeitnehmer gegenüber die Pensionsversprechung gegeben, und geht der Mitarbeiter mit 65 in Rente, werden 5 Jahre als Berechnungsgrundlage angenommen. Die Wahrscheinlichkeit eines früheren Todes liege bei 5 %, die Fluktuationsrate bei Mitarbeiten in der Altersgruppe ebenfalls bei 5 %. De facto muss also nur mit 4 ½ Jahren gerechnet werden.

In den IFRS-Abschlüssen sind grundsätzlich alle Pensionsverpflichtungen zu passivieren, die nicht als materiell unwesentlich eingestuft werden können. Damit sind auch für alle Mitarbeiter, die ihre Versorgungsansprüche vor dem 1.1.1987 erworben haben und für alle anspruchsberechtigten Arbeitnehmer unter 30 Jahren Rückstellungen zu bilden. Der bilanzpolitische Spielraum ist bei IFRS wesentlich geringer als im Handelsrecht. Dies erhöht die Transparenz und verbessert die Vergleichbarkeit von Bilanzen.

Die nächste Tabelle zeigt Ihnen die Unterschiede bei Pensionsrückstellungen zwischen HGB und IFRS:

	HGB	IFRS
Bilanzierungsansatz	Rückstellungspflicht für alle unmittelbaren Pensionszusagen nach dem 31.12.1986 Wahlrecht für alle anderen mittelbaren und vor dem 31.12.1986 erteilten unmittelbaren Pensionszusagen	Passivierungspflicht für alle leistungsorientierten Pensionspläne
Bewertungsverfahren	Anwartschaftsbarwertverfahren oder angepasstes Anwartschaftsdeckungsverfahren	Anwartschaftsbarwertverfahren
Diskontierungszinssatz	Der Laufzeit entsprechender durchschnittlicher Marktzinssatz der vergangenen sieben Jahre, der monatlich von der Bundesbank bekanntgegeben wird	Kapitalmarktzinssatz für erstklassige festverzinsliche Industrieanleihen
Dynamisierung der Ansprüche	künftige Lohn-, Gehalts- und Rentensteigerungen sind zu berücksichtigen	künftige Lohn-, Gehalts- und Rentensteigerungen sind zu berücksichtigen

Versicherungs-mathematische Gewinne und Verluste	sofortige ergebniswirksame Erfassung der versicherungsmathematischen Gewinne und Verluste	Drei Möglichkeiten: Korridormethode (verzögerte Erfolgswirkung), sofortige erfolgswirksame Erfassung oder erfolgsneutrale Verrechnung
Behandlung des Planvermögens	Saldierungspflicht von Schulden gegenüber Arbeitnehmern mit dem zurechenbaren, qualifizierten (insolvenzsicheren) Planvermögen	Nettoausweis des Pensionsaufwands und der Pensionsverpflichtung unter Berücksichtigung des Planvermögens.
	Bewertung des Planvermögens zum beizulegenden Zeitwert mit Ausschüttungssperre; übersteigt der Betrag die Verpflichtung ist ein „aktiver Unterschiedsbetrag aus der Vermögensverrechnung" zu aktivieren	Die Bewertung des Planvermögens erfolgt zu Marktwerten; übersteigt das Planvermögen die Verpflichtung, ist ein sonstiger Vermögenswert auszuweisen.

(vgl. Petersen et al.: IFRS Praxishandbuch, 5. Aufl. 2010, S. 270f)

Finanzielle Verbindlichkeiten

Eine finanzielle Verbindlichkeit stellt eine vertragliche Verpflichtung dar, bei der:

- flüssige Mittel oder andere finanzielle Vermögenswerte an ein anderes Unternehmen zu liefern oder
- finanzielle Vermögenswerte oder finanzielle Schulden unter potenziell nachteiligen Bedingungen getauscht werden können.

Des Weiteren liegen finanzielle Verbindlichkeiten vor, wenn ein Vertrag in eigenen Eigenkapitalinstrumenten zu erfüllen ist oder erfüllt werden kann.

Zu den finanziellen Verbindlichkeiten zählen insbesondere Verbindlichkeiten aus Lieferungen und Leistungen, ausgegebene Anleihen, Verbindlichkeiten gegenüber Kreditinstituten, derivative finanzielle Verbindlichkeiten und sonstige Verbindlichkeiten. Die finanziellen Verbindlichkeiten werden in zwei Kategorien eingeteilt:

- finanzielle Verbindlichkeiten, die erfolgswirksam zum beizulegenden Zeitwert zu bewerten sind (at fair value through profit or loss) gehören Verbindlichkeiten, die
  - zu Handelszwecken (held for trading) gehalten werden oder
  - die bei der erstmaligen Erfassung der Kategorie „erfolgswirksam zum beizulegenden Zeitwert" zugeordnet wurden.
- Alle sonstigen finanziellen Verbindlichkeiten, als Auffangposten, die nicht der Kategorie „at fair value through profit or loss" zuzuordnen sind. Sie sind grundsätzlich zu fortgeführten Anschaffungskosten unter Anwendung der Effektivzinsmethode zu bewerten.

Erstbewertung

Die finanzielle Verbindlichkeiten sind bei der erstmaligen Erfassung mit dem beizulegenden Zeitwert (IAS 39.43), d.h.

faktisch mit den Anschaffungskosten anzusetzen. Folgende Regeln sind zu beachten:

- Bei erfolgswirksam zum „beizulegenden Zeitwert" bewerteten finanziellen Verbindlichkeiten sind Transaktionskosten wie z.B. Gebühren, Provisionen, Steuern und Courtagen erfolgswirksam zu erfassen.
- Bei den übrigen finanziellen Verbindlichkeiten sind die Transaktionskosten zu aktivieren.

Im Vergleich zum HGB (Passivierung zum Erfüllungsbetrag, siehe § 253 Abs. 1 Satz 2 HGB) ist nach IFRS der **Vereinnahmungsbetrag** zu passiveren. Es kommt z.B. bei der Vereinnahmung eines Disagios bei einem Kredit zu abweichenden Wertansätzen in der HGB- und IFRS-Bilanz.

Folgebewertung

Zeitwertänderungen der finanziellen Verbindlichkeiten, die „erfolgswirksam zum beizulegenden Zeitwert" bewertet werden, sind erfolgswirksam als Gewinne oder Verluste zu erfassen.

Bei der Bewertung zu „fortgeführten Anschaffungskosten unter Anwendung der Effektivzinsmethode", sind die Anschaffungskosten der finanziellen Verbindlichkeit in Höhe der Differenz zwischen dem nominalen Zinsaufwand und dem effektiven Zinsaufwand fortzuschreiben. Erfolgt eine Anleiheemission unter pari (Disagio), steigt der Barwert im Zeitablauf an (Zuschreibung) und entspricht am Ende der Laufzeit dem Nennwert (Rückzahlungsbetrag). Bei einer Anleiheemission über pari (Agio) ist die Verbindlichkeit entsprechend auf den Nennwert abzuschreiben.

Falls bei einer Kreditaufnahme ein Disagio vereinbart wurde, ist nach HGB der Rückzahlungsbetrag zu passivieren. Das Disagio kann handelsrechtlich wahlweise sofort als Aufwand gebucht oder als aktive Rechnungsabgrenzung ausgewiesen werden. Nach IFRS ist nur der vereinnahmte Betrag des Darlehens zu bilanzieren, d. h. der Wert des Disagios wird von der Höhe der entstandenen Schuld abgesetzt und in den Folgejahren zugeschrieben. Erst über die Darlehenslaufzeit wird der vereinnahmte Betrag durch Aufzinsung (Folgebewertung) stufenweise auf den Rückzahlungsbetrag erhöht.

Beispiel: Bilanzierung eines Darlehens

Ein Automobilzulieferer nimmt am 31.12.01 ein Festdarlehen (endfälliges Darlehen) von 500 T€ zu einem nachschüssigen Zins von 5 % und einem Disagio von 6 % auf. Das Darlehen ist bis zum 31.12.05 zurückzuzahlen. Der Effektivzinssatz beträgt 6,762 %. Die Zugangsbewertung nach IFRS erfolgt mit dem Auszahlungsbetrag in Höhe von 470 T€.

In der IFRS-Bilanz wird das endfällige Darlehen zum 31.12.01 mit dem vereinnahmten Betrag von 470 T€ ausgewiesen. Im HGB-Abschluss ist das Darlehen mit dem Rückzahlungsbetrag von 500 T€ anzusetzen. Die Folgebewertung des Darlehens nach IFRS erfolgt mit den fortgeführten (amortisierten) Anschaffungskosten.

Jahr	Bilanzwert 01.01	effektiver Zinsertrag	Zinszahlung	Bilanzwert 31.12
	a	b = a x 6,762 %	c = 5 % x 500.000 €	d = a + b − c
01				470.000 €
02	470.000 €	+ 31.781 €	- 25.000 €	476.781 €

03	476.781 €	+ 32.240 €	- 25.000 €	484.021 €
04	484.021 €	+ 32.729 €	- 25.000 €	491.750 €
05	491.750 €	+ 33.250 €	- 25.000 €	500.000 €

Das Disagio wurde entsprechend der Effektivverzinsung aufgelöst

Fremdwährungsverbindlichkeiten

Fremdwährungsverbindlichkeiten sind nach IAS 21.23 zum Stichtagskurs anzusetzen, d.h. die Umrechnungsdifferenzen sind sofort erfolgswirksam als Aufwand oder Ertrag zu erfassen.

Leasing

Ein Leasingverhältnis ist ein Vertrag, bei dem der Leasinggeber *(Lessor)* dem Leasingnehmer *(Lessee)* gegen Zahlung eines Entgelts die Nutzungsrechte an einem Vermögenswert für einen vereinbarten Zeitraum überträgt (IAS 17.4).

Zum Thema Leasing gibt es zum Teil beträchtliche Unterschiede zwischen HGB und IFRS. Die Rechnungslegung nach HGB orientiert sich bei Leasingverhältnissen an den vom Bundesministerium der Finanzen (BMF) veröffentlichten steuerlichen Leasingerlassen. Häufig werden die Leasingverträge nach HGB so gestaltet, dass das Leasinggut dem Leasinggeber zugeordnet wird. Dies ist meistens der Fall, wenn die vereinbarte Grundmietzeit länger als 40 % und weniger als 90 % der betriebsgewöhnlichen Nutzungsdauer beträgt.
Wird der Leasinggegenstand dem Leasinggeber zugerechnet, muss er ihn in seiner Bilanz im Rahmen des Anlagevermögens zu Anschaffungs- bzw. Herstellungskosten aktivieren

und planmäßig über seine betriebsgewöhnliche Nutzungsdauer bzw. ggf. außerplanmäßig abschreiben. Die Leasingraten sind als Forderungen und Umsatzerlöse zu erfassen.

Beim Leasingnehmer werden die Leasingraten entsprechend als Aufwand – und soweit sie noch nicht beglichen sind als Verbindlichkeit – erfasst.

Behandlung nach IFRS

Die Vorschriften zur Leasingbilanzierung sind in IAS 17 „Leasinggeschäfte" und in IFRIC 4 geregelt. Bei der bilanziellen Behandlung der Leasinggegenstände muss zwischen Finanzierungsleasing und Operating Leasing unterschieden werden. Finanzierungsleasing liegt vor, wenn alle wesentlichen Chancen und Risiken, die aus der Nutzung des Leasinggegenstandes resultieren, auf den Leasingnehmer übergehen. In allen anderen Fällen spricht man von Operating Leasing.

Wann wird ein Leasingvertrag als Finanzierungsleasing klassifiziert?

Zuerst müssen Sie prüfen, ob es sich beim Leasingvertrag um Finanzierungsleasing mit Zurechnung beim Leasingnehmer oder um Operating Leasing handelt mit Zurechnung beim Leasinggeber.

Die Indikatoren für einen Finanzierungsleasing-Vertrag sind:

1 Automatischer Eigentumsübergang am Ende der Laufzeit.

2 Der Leasingvertrag enthält eine günstige Kaufoption zu einem Preis, der unter dem fair value liegt.

3 Laufzeittest: Die Grundmietzeit umfasst den größten Teil der wirtschaftlichen Nutzungsdauer (> 75 %) des Objektes.

4 Barwerttest: Der diskontierte Gegenwartswert der Leasingzahlungen ist größer oder gleich dem Zeitwert des Leasingobjektes bei Vertragsbeginn.

5 Spezialleasing: Der Leasinggegenstand hat eine spezielle Beschaffenheit, so dass er nur vom Leasingnehmer genutzt werden kann.

In allen anderen Fällen verbleiben die Risiken und Chancen beim Leasinggeber. Daraus folgt, dass der Leasinggegenstand ihm zugerechnet wird. Somit handelt es sich um ein Operating Leasing. Die Bilanzierung des Leasinggegenstands erfolgt beim Leasinggeber.

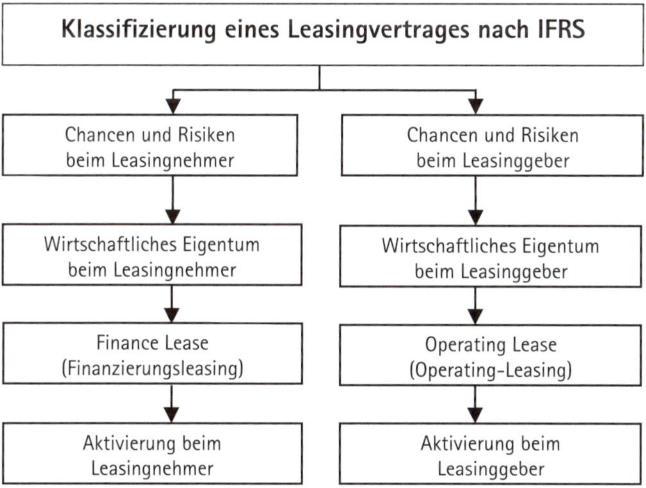

So wird Finanzierungsleasing bilanziert

Der Leasinggegenstand wird beim Finanzierungsleasing mit seinem beizulegenden Zeitwert oder dem niedrigeren Barwert der künftigen Mindestleasingzahlungen beim Leasingnehmer aktiviert. Die Leasingverpflichtungen, die in ihrer Höhe dem Buchwert des Leasinggegenstandes entsprechen sind unter den Finanzverbindlichkeiten auszuweisen. Der dem Leasingnehmer zugerechnete Vermögenswert ist planmäßig abzuschreiben. Dazu ist der Abschreibungszeitraum entsprechend dem folgenden Schema zu ermitteln.

Ermittlung des Abschreibungszeitraums

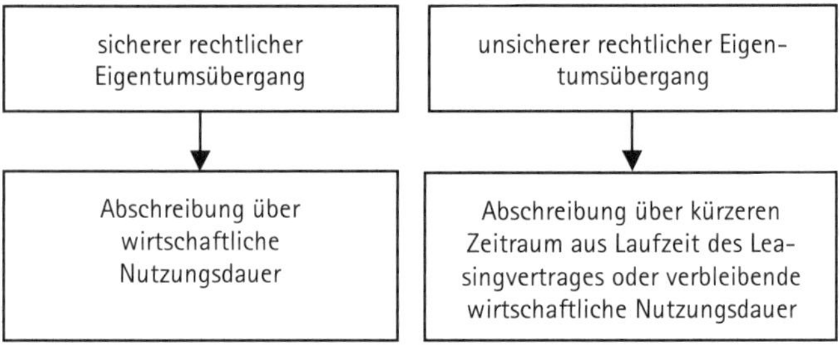

Die Mindestleasingraten enthalten aus Sicht des Leasingnehmers die während der Laufzeit zu zahlenden Grundmietzahlungen sowie die Kaufpreiszahlungen am Ende des Leasingverhältnisses bei einer günstigen Kaufoption.

Um den Barwert der Mindestleasingzahlungen zu ermitteln, ist der interne Kalkulationszinssatz des Leasinggebers zu verwenden. Falls dieser nicht bekannt ist, so wird der Grenzfremdkapitalzinssatz des Leasingnehmers eingesetzt. Die Leasingzahlungen des Leasingnehmers sind nach der Effektivzinsmethode in einen Zins- und Tilgungsanteil aufzuteilen.

Im Rahmen des Finanzierungsleasings müssen Sie Leasinggegenstände beim Leasinggeber als Forderungen bilanzieren. Die Leasingraten sind in einen Zins-, Kosten- und Tilgungsanteil zu unterteilen.

Die vereinnahmten Zinsen und Kosten führen zu Betriebseinnahmen, während der Tilgungsanteil die aktivierte Forderung mindert.

Beispiel: Finanzierungsleasing

Ein Automobilzulieferer least am 01.01.01 eine Werkzeugmaschine, deren Anschaffungskosten 20.000 € betragen hätten. Die Nutzungsdauer der Maschine beträgt fünf Jahre. Der Leasingvertrag wird mit einer Laufzeit von vier Jahren abgeschlossen.

Am Ende der Leasingdauer hat der Leasinggeber das Recht, dem Leasingnehmer die zu einem Preis von 2.685 € zu verkaufen. Die Leasingraten sind einmal pro Jahr nachschüssig in Höhe von 5.300 € zu zahlen. Bei dem Leasingvertrag handelt es sich um Finanzierungsleasing.

Als erstes wird der dem Leasingverhältnis zugrunde liegende Zinssatz ermittelt. Die Anschaffungskosten von 20.000 € stellen den beizulegenden Zeitwert dar. Vier mal 5.300 € betragen die Mindestleasingzahlungen. Die Kaufoption hat einen Wert von 2.685 €.

Die Zahlungsreihe aus Sicht des Leasinggebers sieht wie folgt aus: (-20.000, +5.300, +5.300, +5.300, +7.985). Der daraus errechnete interne Zinssatz beträgt ca. 7 %. Die Berechnung des Barwerts der Mindestleasingzahlungen ergibt 17.952 €. Dieser Barwert ist als Leasingverbindlichkeit und Anschaffungskosten der Werkzeugmaschine anzusetzen.

Im Zeitraum von vier Jahren wird diese Leasingverbindlichkeit getilgt und die Anschaffungskosten werden über 4 Jahre linear abgeschrieben (17.952 € : 4 Jahre = 4.488 €/Jahr). Die folgende Tabelle zeigt die Bilanzierung beim Leasingnehmer.

Jahr	Maschine €	Abschreibungen €	Verbindlichkeit €	Zinsaufwand €	Tilgung €
01.01.01	17.952		17.952		
31.12.01	13.464	4.488	13.909	1.257	4.043
31.12.02	8.976	4.488	9.582	973	4.327
31.12.03	4.488	4.488	4.953	671	4.629
31.12.04	0	4.488	0	347	4.953
Summe		17.952		3.248	17.952

Das Leasingobjekt ist beim Leasingnehmer über die kürzere Vertragslaufzeit von 4 Jahren und nicht über die wirtschaftliche Nutzungsdauer abzuschreiben.

Bilanzierung von Operating Leasing

Beim Operating Leasing sind die zu zahlenden Leasingraten vom Leasingnehmer als Aufwand zu verbuchen. Im Rahmen des Operating Leasings ist der Leasinggegenstand beim Leasinggeber im langfristigen Vermögen zu Anschaffungs- bzw. Herstellungskosten zu aktivieren und über die wirtschaftliche Nutzungsdauer gemäß IAS 16 bzw. IAS 38 abzuschreiben. Zusätzlich ist zu überprüfen, ob eine dauernde Wertminderung (impairment) gemäß IAS 36 „Wertminderung von Vermögenswerten" vorliegt. Die Erlöse aus den Leasingraten sind unabhängig vom Zahlungszufluss linear über die Laufzeit des Leasingvertrags zu verteilen und entsprechend periodengerecht abzugrenzen.

In der nächsten Übersicht sehen Sie die Bilanzierung des *Operating Leasing* beim Leasingnehmer und beim Leasinggeber.

Leasingnehmer	Leasinggeber
▪ Keine Aktivierung des Leasingobjekts. ▪ Die Leasingzahlungen sind als Aufwand direkt in der GuV zu erfassen. Das Leasingverhältnis wird wie ein normaler Mietvertrag behandelt. ▪ Grundsatz: Lineare Verteilung der Leasingzahlungen über die Laufzeit des Leasingverhältnisses.	▪ Die Leasingobjekte sind im Rahmen der langfristigen Vermögenswerte zu Anschaffungskosten inkl. direkt zurechenbarer Nebenkosten zu aktivieren (IAS 17.49). ▪ Die Folgebewertung richtet sich entsprechend dem Leasingobjekt nach IAS 16, IAS 38 oder IAS 40, d.h. das Leasingobjekt ist entsprechend planmäßig nach IAS 16 bzw. IAS 38 planmäßig abzuschreiben. ▪ Die Leasingerträge werden linear erfolgswirksam über die Laufzeit des Vertrages in der GuV erfasst (IAS 17.50).

Latente Steuern

Latente Steuern stellen einen Korrekturposten dar, der in der IFRS-Bilanz (Handelsbilanz) ausgewiesen wird. Latente Steuern stellen die erwarteten Steuerbelastungen und Steuerentlastungen aus den Differenzen der Buchwerte von Vermögenswerten und Schulden in der Steuerbilanz, verglichen mit den Werten in der IFRS-Bilanz, dar.

Es ist sowohl nach HGB als auch nach IFRS das Konzept der bilanzorientierten Verbindlichkeitsmethode (liability method) anzuwenden.

Aktive und passive latente Steuern sind nach IFRS grundsätzlich für sämtliche Bilanzierungs- und Bewertungsunterschiede zwischen den zeitlich abweichenden Wertansätzen in der

IFRS-Bilanz und der Steuerbilanz zu bilden. Dies gilt auch für *quasi-permanente Differenzen* und auf erfolgsneutral entstandene Differenzen.

> Quasi-permanente Differenzen gleichen sich erst bei Auflösung des Unternehmens aus (z.B. Bewertung von Vermögenswerten oberhalb der AK/HK in der IFRS-Bilanz).

Zusätzlich sind aktive latente Steuern auf steuerliche Verlustvorträge zu bilden, sofern damit gerechnet werden kann, dass diese künftig genutzt werden können.

Die Bilanzierung von latenten Steuern wird in den IAS 12 behandelt. Für aktive latente Steuern (deferred tax assets) besteht nach IFRS eine Aktivierungspflicht und nach HGB ein Aktivierungswahlrecht. Im HGB besteht für die aktiven latenten Steuern zusätzlich eine Ausschüttungssperre. Für die passiven latenten Steuern besteht sowohl bei der HGB- als auch bei der IFRS-Rechnungslegung eine Passivierungspflicht.

Der Ansatz *aktiver latenter Steuern* ergibt sich insbesondere für *ungenutzte Verlustvorträge.* Wenn und soweit die Steuerbelastung oder -entlastung eintritt oder mit ihr nicht mehr zu rechnen ist, sind die Posten aufzulösen.

So bilanzieren Sie latente Steuern

Aktive latente Steuern sind nach IFRS für abzugsfähige temporäre Differenzen und steuerliche Verlustvorträge sowie ungenutzte Steuergutschriften zu bilanzieren.

Als Faustregel für temporäre Differenzen gilt:

	IFRS-Buchwert > Steuerbilanzbuchwert	IFRS-Buchwert < Steuerbilanzbuchwert
Vermögenswerte	passive latente Steuern	aktive latente Steuern
Schulden	aktive latente Steuern	passive latente Steuern

Aktive latente Steuern

Aktive latente Steuern entstehen, wenn:

- IFRS-Aktiva < Steuerbilanz-Aktiva: z. B. außerplanmäßige Abschreibungen auf vorübergehende Wertminderungen der Sachanlagen nach IFRS vorgenommen werden, diese aber steuerlich verboten sind; ein Vermögenswert wird in der steuerlichen Gewinnermittlung nach AfA-Tabellen mit einem geringeren Wert abgeschrieben als im IFRS-Abschluss.
- IFRS-Passiva > Steuerbilanz-Passiva: z. B. eine Restrukturierungsrückstellung oder eine Drohverlustrückstellung nach IFRS, die steuerlich nicht gebildet werden darf. Höhere Bewertung von Pensionsrückstellungen nach IAS 19 im Vergleich zu § 6a EStG.
- Steuerliche Verlustvorträge: falls es wahrscheinlich erscheint, dass diese mit zukünftigen Gewinnen verrechnet werden können und im Sinne des Frameworks einen „asset" darstellen.

Würden in den oben genannten Beispielen die latenten Steueransprüche nicht aktiviert werden, wären niedrigere Steueraufwendungen in den folgenden Rechnungslegungsperioden mit überhöhten Handelsbilanzergebnissen verbunden.

Passive latente Steuern

Passive latente Steuern müssen Sie dagegen auf steuerpflichtige temporäre Differenzen bilden. Diese entstehen, wenn:

- IFRS-Aktiva > Steuerbilanz-Aktiva: der Wert eines Gebäudes in der IFRS-Bilanz ist z. B. höher als der entsprechende Wert in der Steuerbilanz; oder abnutzbare Gegenstände des Anlagevermögens: die Nutzungsdauer nach IFRS ist länger als die steuerliche Nutzungsdauer, daher geringere Abschreibung in der IFRS-Bilanz.
- IFRS-Passiva < Steuerbilanz-Passiva: Niedrigere Bewertung einer Rückstellung im IFRS-Abschluss als in der steuerlichen Gewinnermittlung; oder Rückstellungen für unterlassene Instandhaltung, die innerhalb der ersten drei Monate des nächsten Geschäftsjahres nachgeholt werden: Ansatzverbot nach IAS 37.14

„liability-method"

Da die latenten Steuern nach der „liability-method" abzubilden sind, müssen die latenten Steuern mit den künftigen, im Zeitpunkt der Realisierung voraussichtlich gültigen Steuersätzen bewertet werden. Im Anhang des Jahresabschlusses sind die latenten Steuern zu erläutern.

Die Veränderungen der latenten Steuern sind als Steuerertrag oder -aufwand in der Gewinn- und Verlustrechnung zu erfassen, außer sie betreffen erfolgsneutral unmittelbar im Eigenkapital erfasste Posten; in diesem Fall sind die latenten Steuern ebenfalls erfolgsneutral im Eigenkapital abzubilden.

Beispiel: Latente Steuern

Ein Unternehmen das bisher nach HGB bilanziert hat, stellt ab dem 01.01.2010 auf IFRS um. Es wird ein Steuersatz von 30 % zugrunde gelegt. Die folgenden Sachverhalte sind auf IFRS umzustellen:

1. Bisher schrieb das Unternehmen das am 01.01.1994 für 500 T€ erstellte Verwaltungsgebäude entsprechend den steuerrechtlichen Vorschriften über 25 Jahre zu jeweils jährlich 4 % ab. Der Restbuchwert am 01.01.2010 beträgt 180 T€. Die geschätzte wirtschaftliche Gesamtnutzungsdauer beträgt nach IFRS 50 Jahre.
2. Es wurde eine Werkzeugmaschine am 01.01.2009 für 180 T€ angeschafft. In der IFRS-Bilanz wird die Maschine über 4 Jahre und in der Steuerbilanz über 6 Jahre abgeschrieben.
3. Die am 15.09.2009 für 40 T€ gekauften Wertpapiere der Kategorie „available-for-sale financial assets" haben am 01.01.2010 einen Marktwert von 50 T€. Die Veränderungen der Werte sind erfolgsneutral zu berücksichtigen.
4. Im Jahr 2009 sind Entwicklungskosten von 40 T€ entstanden. Diese wurden handels- und steuerrechtlich als Aufwand verbucht. Nach IFRS erfüllen die Entwicklungskosten die Kriterien für den Ansatz als immaterieller Vermögenswert. Die Nutzungsdauer des immateriellen Vermögenswerts beträgt vier Jahre.

Die geschilderten Sachverhalte werden in der IFRS-Bilanz wie folgt behandelt:

1. In der IFRS-Eröffnungsbilanz ist das Verwaltungsgebäude so zu bewerten, als ob es schon immer nach IFRS bilanziert worden wäre. Dies bedeutet, dass die planmäßigen kumulierten Abschreibungen angepasst werden müssen, d. h. die Abschreibungsdauer erhöht sich von 25 auf 50 Jahre. Indem der Buchwert angepasst wird, erhöhen sich die Gewinnrücklagen.

Buchungssatz:

Gebäude	160	an	Gewinnrücklage	160

Da der IFRS-Buchwert des Gebäudes höher ist als der Buchwert der Steuerbilanz müssen passivische latente Steuern in Höhe von 48 T€ (30 % von 160 T€) gebucht werden.

Buchungssatz:

Gewinnrücklage	48	an	passive latente Steuern	48

2. Die Maschine wird in der IFRS-Bilanz mit 45 T€ und in der Steuerbilanz mit 30 T€ pro Jahr abgeschrieben. Da der IFRS-Buchwert der Maschine kleiner als Buchwert der Steuerbilanz ist, müssen aktive latente Steuern in Höhe von 4,5 T€ (30 % von 15 T€) gebildet werden.
3. Bei den available-for-sale financial assets hat die Folgebewertung nach IFRS zum „fair value" zu erfolgen. In der Steuerbilanz stellen die Anschaffungskosten den Höchstwert dar. D. h. die Wertpapiere werden in der IFRS-Bilanz mit 50 T€ und in der Steuerbilanz mit 40 T€ bewertet.

Buchungssätze:

available-for sale	10	an	Fair-Value-Rücklage	10
Fair-value-Rücklage	3	an	passive latente Steuern	3

4. Die Entwicklungskosten werden nach IFRS aktiviert und über die Nutzungsdauer von 4 Jahren abgeschrieben, d. h. mit jährlich 10 T€. Der Bilanzansatz zum 01.01.2010 erfolgt mit 30 T€.

Buchungssätze:

immaterieller Vermög.	30	an	Gewinnrücklagen	30
Gewinnrücklage	9	an	passive latente Steuern	9

„Temporary-Konzept"

Latente Steuern sind nach dem bilanzorientierten „Temporary-Konzept" zu bilanzieren. Das bedeutet, latente Steuern sind im Grundsatz auf alle temporären und quasi-temporären Unterschiede zwischen dem Wert in der IFRS-Bilanz und dem steuerlichen Wert zu bilanzieren. Temporäre Differenzen sind solche, die bei der Realisierung des Vermögenswertes bzw. Erfüllung der Schuld zu steuerpflichtigen oder steuerlich abzugsfähigen Beträgen führen.

Steuerpflichtige temporäre Differenzen führen zum Ansatz einer latenten Steuerverpflichtung, steuerlich abzugsfähige temporäre Differenzen führen zum Ansatz von latenten Steueransprüchen.

Latente Steuern sind mit dem Steuersatz zu bewerten, der in der Periode, in der sich die Differenz voraussichtlich umkehren wird, gültig sein wird.

Glossar

Asset (Vermögenswert): Eine Ressource, die dem Unternehmen zur Verfügung steht und von der ein wirtschaftlicher Nutzen für das Unternehmen erwartet wird.

Disagio (Abgeld): Betrag, um den der Ausgabebetrag eines Darlehens geringer ist als der Rückzahlungsbetrag.

Effektivzinsmethode: Ein Wertpapier oder eine Schuld wird unter Verwendung des effektiven Zinssatzes bewertet. Effektiver Zinssatz = Kalkulationszinssatz mit dem der zukünftige Geldzufluss bis zur Endfälligkeit auf den gegenwärtigen Buchwert abgezinst wird (= interne Rendite).

Erfolgsneutral: Eine Zu- oder Abschreibung ist erfolgsneutral, wenn sie nicht über die GuV-Rechnung, sondern über das Eigenkapital (z.B. Neubewertungsrücklage) erfolgt.

Erfolgswirksam: Erfolgswirksame Geschäftsvorfälle werden auf Erfolgskonten (Ertrags- oder Aufwandskonten der GuV) gebucht.

Erzielbarer Betrag (recoverable amount): Ist der höhere der beiden Werte aus Nettoveräußerungspreis und Nutzungswert (value in use).

Fair value: Der Betrag, zu dem zwischen sachverständigen, vertragswilligen und voneinander unabhängigen Geschäftspartnern unter marktüblichen Bedingungen ein Vermögenswert oder eine Schuld beglichen werden könnte.

Festbewertung: Bewertungsvereinfachungsverfahren bei der Inventur. Möglich, wenn Vermögensgegenstände regelmäßig ersetzt werden und für das Unternehmen von nachrangiger Bedeutung sind. Diese Gegenstände können mit dem Festwert, d. h. gleicher Menge und gleich bleibendem Wert angesetzt werden, sofern sich ihr Bestand kaum verändert.

Finance lease: Leasingvertrag, bei dem alle mit dem Eigentum verbundenen Chancen und Risiken auf den Leasingnehmer übertragen werden.

Imparitätsprinzip: Alle Risiken und noch nicht realisierte Verluste, die bis zum Abschlussstichtag entstanden sind, müssen berücksichtigt werden.

Liability-Methode: latente Steuerabgrenzungen werden auf der Grundlage unterschiedlicher Wertansätze in der Bilanz berechnet.

Maßgeblichkeitsprinzip: Die Handelsbilanz stellt die Grundlage für die Erstellung der Steuerbilanz dar.

Niederstwertprinzip: Von zwei möglichen Wertansätzen bei der Bewertung von Vermögensgegenständen muss (strenges Niederstwertprinzip) oder darf (gemildertes Niederstwertprinzip) der niedrigere Wert zwischen den Anschaffungs- oder Herstellungskosten und dem am Bilanzstichtag gültigen Zeit- bzw. Tageswert angesetzt werden.

Pauschalwertberichtigung: Für Forderungen, bei denen eine Einzelbewertung, unmöglich ist, muss das durchschnittliche Ausfallrisiko über eine pauschale Korrektur berücksichtigt werden. Die Pauschalwertberichtigung orientiert sich an den bisherigen Erfahrungswerten des Unternehmens.

Realisationsprinzip: Gewinne dürfen erst nach Abschluss der Leistungserstellung und des Gefahrenübergangs ausgewiesen werden.

Retrograde Bewertung: Die Anschaffungs- oder Herstellungskosten der unfertigen/fertigen Erzeugnisse oder Waren werden ermittelt, indem der voraussichtliche Verkaufspreis um die noch anfallenden Herstellungskosten, Erlösschmälerungen, Ausgangsfrachten, Verpackungs-, Vertriebs-, die noch anfallenden Verwaltungs- und die Kapitaldienstkosten gekürzt werden. So wird der beizulegende Wert (verlustfreie Bewertung) am Bilanzstichtag ermittelt.

Saldierungsverbot: Verbot der Verrechnung (Saldierung) von Vermögenswerten mit Schulden bzw. Erträgen mit Aufwendungen.

Segmentberichterstattung: Offenlegung von Vermögens- und Ertragsinformationen, untergliedert nach Geschäftsfeldern und geographischen Merkmalen.

Stille Reserven: Vermögenswerte eines Unternehmens, die aus der Bilanz nicht offen ersichtlich sind, da sie aufgrund von Bilanzierungs- und Bewertungsvorschriften nicht erfasst oder zu niedrig bewertet wurden bzw. Rückstellung, die zu hoch bewertet wurden.

Vollkosten: Hier werden für die Bewertung von Vermögenswerten bei den Herstellungskosten neben Einzelkosten auch zurechenbaren Gemeinkosten mit einbezogen.

ZGE (zahlungsmittelgenerierende Einheiten): Kleinste identifizierbare Gruppe von Vermögenswerten, die separierbare Mittelzuflüsse und -abflüsse generiert.

Literaturtipps und Internetadressen

- Achleitner, A.-K. et al.: Internationale Rechnungslegung, 4. Auflage, München, 2009
- Buchholz, R.: Internationale Rechnungslegung, 8. Auflage, Berlin, 2009
- Coenenberg, A. G. et al.: Jahresabschluss und Jahresabschlussanalyse, 21. Auflage, Stuttgart, 2009
- Hayn, S.; Graf Waldersee, G.: IFRS/HGB/HGB-BilMoG im Vergleich, 7. Auflage, Stuttgart, 2008
- IWD: International Financial Reporting Standards, 5. Auflage, Düsseldorf, 2009
- KPMG AG: IFRS visuell, 4. Auflage, Stuttgart, 2010
- Kresse, W. und Leuz, N. (Hrsg.): Steuerrecht, Internationale Rechnungslegung, 11. Auflage, Stuttgart, 2010
- Lüdenbach, N.: IFRS - Der Ratgeber zur erfolgreichen Umstellung von HGB auf IFRS, 6. Auflage, Freiburg, 2010
- Lüdenbach, N. und Hoffmann W.-D.: Haufe IFRS Kommentar, 8. Auflage, Freiburg, 2010
- Pellens, B. et al.: Internationale Rechnungslegung, 7. Auflage, Stuttgart, 2008
- Petersen K.; Bansbach F.; Dornbach, E.: IFRS Praxishandbuch, 5. Auflage, Stuttgart, 2010
- Ruhnke, K.: Rechnungslegung nach IFRS und HGB, 2. Auflage, Stuttgart, 2009,
- Wöltje, J.: ABC des Finanz- und Rechnungswesens, Freiburg, 2010
- Wöltje, J.: Buchführung und Jahresabschluss, 2. Auflage, Rinteln, 2010

Internet

www.ax-net.de
www.efrag.org
www.iasb.org
www.ifac.org
www.iasplus.com
www.drsc.de
www.idw.de
europa.eu.int/comm/internal-market/accounting/index_de.htm
www.standardsetter.de/drsc/news/news.php

Stichwortverzeichnis

Bibliografische Information der Deutschen Nationalbibliothek
Die Deutsche Nationalbibliothek verzeichnet diese Publikation in der Deutschen Nationalbibliografie; detaillierte bibliografische Daten sind im Internet über http://dnb.d-nb.de abrufbar.

ISBN 978-3-648-01203-1
Bestell-Nr. 00767-0005

5., aktualisierte Auflage 2010

Redaktionsanschrift: Fraunhoferstraße 5, 82152 Planegg
Fon: (0 89) 8 95 17-0, Fax: (0 89) 8 95 17-2 50
E-Mail: online@haufe.de
Internet www.haufe.de
Redaktion: Jürgen Fischer
Redaktionsassistenz: Christine Rüber

Lektorat und DTP: Ulrich Leinz, 10829 Berlin
Umschlaggestaltung: Kienle gestaltet, 70178 Stuttgart
Umschlagentwurf: Agentur Buttgereit & Heidenreich, 45721 Haltern am See
Druck: freiburger graphische betriebe, 79108 Freiburg

Zur Herstellung der Bücher wird nur alterungsbeständiges Papier verwendet.

Der Autor

Prof. Dr. Jörg Wöltje

ist Diplom-Wirtschaftsingenieur und war mehrjährig im Finanz- und Rechnungswesen, Controlling sowie als kaufmännischer Leiter tätig. Seit 1998 ist er Professor für Betriebswirtschaftslehre mit Schwerpunkt Finanz- und Rechnungswesen, Internationale Rechnungslegung sowie Unternehmensanalyse an der *Hochschule Karlsruhe – Technik und Wirtschaft.* Daneben führt er Veranstaltungen bei namhaften privaten Bildungsträgern durch.

Weitere Literatur

Schnelleinstieg IFRS, von Prof. Dr. Klaus Schneider, 272 Seiten, mit CD-ROM, € 24,80. ISBN 978-3-448–07534-2, Bestell-Nr. 01165

IFRS für Controller, von Prof. Dr. Barbara Weißenberger, 536 Seiten, mit CD-ROM, € 48,00. ISBN 978-3-448-10144-7, Bestell-Nr. 01437

IFRS. Der Ratgeber zur erfolgreichen Umstellung von HGB auf IFRS. Einführungsplan, Gegenüberstellung HGB – IFRS, Checklisten, Prüfschemata, von Dr. Norbert Lüdenbach, 370 Seiten, € 48,00. ISBN 978-3-488-08361-3, Bestell-Nr. 01145

TaschenGuides – Qualität entscheidet

Bereits erschienen:

Der Betrieb in Zahlen

- 400 € Mini-Jobs
- Balanced Scorecard
- Betriebswirtschaftliche Formeln
- Bilanzen
- BilMoG
- Buchführung
- Businessplan
- BWL Grundwissen
- BWL kompakt – die 100 wichtigsten Fakten
- Controllinginstrumente
- Deckungsbeitragsrechnung
- Einnahmen-Überschussrechnung
- Finanz- und Liquiditätsplanung
- Formelsammlung Betriebswirtschaft
- Formelsammlung Wirtschaftsmathematik
- Die GmbH
- IFRS
- Kaufmännisches Rechnen
- Kennzahlen
- Kontieren und buchen
- Kostenrechnung
- VWL Grundwissen

Mitarbeiter führen

- Besprechungen
- Checkbuch für Führungskräfte
- Führungstechniken
- Die häufigsten Managementfehler
- Management
- Managementbegriffe
- Mitarbeitergespräche
- Moderation
- Motivation
- Projektmanagement
- Spiele für Workshops und Seminare
- Teams führen
- Workshops
- Zielvereinbarungen und Jahresgespräche

Karriere

- Assessment Center
- Existenzgründung
- Gründungszuschuss
- Jobsuche und Bewerbung
- Vorstellungsgespräche

Geld und Specials

- Sichere Altersvorsorge
- Energie sparen
- Energieausweis
- Geldanlage von A-Z
- IGeL – Medizinische Zusatzleistungen
- Immobilien erwerben
- Immobilienfinanzierung
- Meine Ansprüche als Rentner
- Die neue Rechtschreibung
- Eher in Rente
- Web 2.0
- Zitate für Beruf und Karriere
- Zitate für besondere Anlässe

Persönliche Fähigkeiten

- Allgemeinwissen Schnelltest
- Ihre Ausstrahlung
- Burnout
- Business-Knigge – die 100 wichtigsten Benimmregeln
- Mit Druck richtig umgehen
- Emotionale Intelligenz
- Entscheidungen treffen
- Gedächtnistraining
- Gelassenheit lernen
- Glück!
- IQ – Tests
- Knigge für Beruf und Karriere
- Knigge fürs Ausland
- Kreativitätstechniken
- Manipulationstechniken
- Mathematische Rätsel
- Mind Mapping
- NLP
- Optimistisch denken
- Peinliche Situationen meistern